普通高等教育"十四五"规划教材

互换性技术基础

赵海洋　韩道权　主编

U0264062

中国石化出版社

内 容 提 要

本书阐述了机械零、部件互换性的基本知识，介绍了几种典型机械零件公差与配合的基本原理和方法，以及国家标准在设计中的应用。全书共分 8 章，前 4 章阐述互换性的基本概念、尺寸精度设计、几何精度设计和表面粗糙度设计等基础知识；第 5～7 章阐述滚动轴承与孔、轴结合的精度设计，键、花键结合的精度设计以及圆柱齿轮精度设计；最后 1 章进行了综合应用举例。书中各章附有相关习题，以配合教学的需要，也便于读者自学。

本书按照新颁布的国家标准编写，可作为高等工科院校机械类和近机械类各专业的本科教材，也可供从事机械设计、制造、标准化和计量测试等工作的各类工程技术人员参考使用。

图书在版编目（CIP）数据

互换性技术基础/赵海洋，韩道权主编 . —北京：
中国石化出版社，2021.8
ISBN 978 - 7 - 5114 - 6434 - 7

Ⅰ. ①互… Ⅱ. ①赵… ②韩… Ⅲ. ①零部件 –
互换性 – 高等学校 – 教材 Ⅳ. ①TG801

中国版本图书馆 CIP 数据核字（2021）第 176508 号

中国石化出版社出版发行
地址:北京市东城区安定门外大街 58 号
邮编:100011　电话:(010)57512500
发行部电话:(010)57512575
http://www.sinopec-press.com
E-mail:press@ sinopec.com
北京富泰印刷有限责任公司印刷
全国各地新华书店经销
*
787×1092 毫米 16 开本 10 印张 250 千字
2021 年 9 月第 1 版　2021 年 9 月第 1 次印刷
定价:32.00 元

前　言

　　"互换性技术基础"是高等工科院校机械类及近机械类各专业的一门重要的技术基础课。本课程重点阐述标准化领域有关几何量精度设计部分的内容，也涉及机械设计、机械制造、质量控制、生产组织管理等诸多领域的知识，是一门应用性很强的技术基础课。

　　本教材针对目前机械类专业培养方案中"互换性技术基础"课程32学时的教学大纲要求编写，不再专门论述测量方面的内容。有关测量方面的知识及概念，在与该教材配套的实验指导书中阐述。编写过程中，力求基本概念清楚、准确，内容精练，以适应机械工程学科发展和教学改革的需要。为了加强对学生综合设计能力的培养，本教材突出了基本知识和基本理论的系统性、实用性和科学性，注重基本理论与生产设计、制造、检验等实践活动的有机结合，使学生在打好坚实理论基础的同时，提高解决实际问题的能力。

　　全书共分8章，包括绪论、尺寸精度设计、几何精度设计、表面粗糙度设计、滚动轴承与孔和轴结合的精度设计、键和花键结合的精度设计、圆柱齿轮精度设计、综合应用举例等内容，对最新修订的国家标准进行了诠释。书中各章附有相关习题，以配合教学的需要，也便于读者自学。

　　本书由东北石油大学赵海洋、韩道权主编，王金东主审。具体编写分工如下：第1、2、6、8章由赵海洋编写，第3章由李大奇编写，第4章由韩道权、曹梦雨共同编写，第5章由曹梦雨编写，第7章由韩道权编写。

　　由于编者水平有限，书中难免存在疏漏和不当之处，恳请广大读者给予批评和指正。

目　　录

第1章 绪 论

机械设计通常可分为：机械的运动设计、机械的结构设计、机械的强度和刚度设计以及机械的精度设计。前三项设计是其他课程研究的内容，本课程只研究机械的精度设计。机械的精度设计是根据机械的功能要求，正确地对机械零件的尺寸精度、几何精度以及表面精度要求进行设计，并将它们正确地标注在零件图、装配图上。

1.1 互换性

1.1.1 互换性的定义

互换性的概念在日常生活中到处都能用到。例如，机械或仪器上掉了一个螺钉，换上个同规格的新螺钉就行了；灯泡坏了，买一个同规格的安上即可；汽车、拖拉机，乃至家庭用的自行车、缝纫机、手表中某个机件磨损了，换上一个新的，便能继续使用。互换件是重要的生产原则和有效的技术措施，在日用工业品、机床、汽车、电子产品、军工产品等各生产部门都广泛采用。

互换性是指在同一规格的一批零件或部件中任取一件不需经过任何选择、修配或调整，就能装配在整机上，并能满足使用性能要求的特性，这样的零件或部件就称为具有互换性的零件或部件。

显然，互换性应该同时具备两个条件：第一，不需经过任何选择、修配或调整便能装配(当然也应包括维修更换)；第二，装配(或更换)后的整机能满足其使用性能要求。

1.1.2 互换性的分类

互换性可以按不同的方法分类。

按互换参数的范围，可分为几何参数互换性和功能互换性。几何参数互换性着重于保证产品的尺寸、形状、位置、表面粗糙度等几何参数具有互换性；功能互换性着重于保证产品除几何参数外的其他功能参数(如物理性能、化学性能、机械性能等参数)的一致性。本课程只研究几何参数的互换性。

按互换性的程度可分为完全互换与不完全互换。若零件在装配或更换时，不需选择、辅助加工或修配，则其互换性为完全互换性。当装配精度要求较高时，采用完全互换将使零件制造公差过小,加工困难,成本很高,甚至无法加工,这时,可以采用其他技术手段来满足装配要求。例如分组装配法,就是将零件的制造公差适当地放大,使之便于加工,而在零件完工后,装配前用测量器具将零件按实际尺寸的大小分为若干组,使每组零件间实际尺寸的差别减小,装配时按相应组进行(即大孔与大轴相配,小孔与小轴相配)。这样,既可保证装配精度和使用要求,又能减少加工难度、降低成本。此时,仅组内零件可以互换,组与组之间不可互换,故这种互换性称为不完全互换性。不完全互换除分组互换法外,工程上还有修配法、调整法等。

对标准部件或机构来说,互换性又可分为外互换与内互换。外互换是指部件或机构与其相配件间的互换性,例如滚动轴承内圈内径与轴的配合,外圈外径与机座孔的配合。内互换是指部件或机构内部组成零件间的互换性,例如滚动轴承内、外圈滚道直径与滚珠(滚柱)直径的装配。

为使用方便,滚动轴承的外互换采用完全互换,而内互换则因其组成零件的精度要求高、加工困难,故采用分组装配,为不完全互换。一般地说,不完全互换只用于部件或机构的制造厂内部的装配。至于厂外协作件,即使批量不大,往往也要求完全互换。究竟是采用完全互换,还是不完全互换,或者部分地采用修配调整,要由产品精度要求与其复杂程度、产量大小(生产规模)、生产设备、技术水平等因素决定。

1.1.3 互换性的作用

在现代化机械制造业中,应用互换性原则已成为提高生产水平和促进技术进步强有力的手段之一,其作用主要表现在以下方面:

(1)从设计方面看,由于产品中采用了具有互换性的零部件,尤其是采用了较多的标准零件和部件(螺钉、销钉、滚动轴承等),这就使许多零部件不必重新设计,从而大大减轻了计算与绘图的工作量,简化了设计程序,缩短了设计周期;而且,还可以应用计算机进行辅助设计(CAD),这对发展系列产品和促进产品结构、性能的不断改善,都有很大作用。

(2)从制造方面看,互换性是提高生产水平和进行文明生产的有力手段。装配时,由于零件(部件)具有互换性,不需要辅助加工和修配,可以减轻装配工的劳动量,因而缩短了装配周期;而且,还可使装配工作按流水作业方式进行,以实现自动装配,使装配生产效率显著提高。加工时,由于按标准规定公差加工,同一部机器上的各个零件可以分别由各专业厂同时制造。各专业厂由于产品单一,产品数量大,分工细,即可采用高效率的专用设备,乃至采用计算机进行辅助加工,从而使产品的数量和质量明显提高,成本也必然显著降低。

(3)从使用方面看,如果一台机器的某零件具有互换性,当该零件损坏后,可以很快地用一备件来代替,保证了机器工作的连续性和持久性,延长了机器的使用寿命,提高了机器的使用价值。在某些情况下,互换性所起的作用是难以用价值来衡量的。例如,发电厂要迅速排除发电设备的故障,保证继续供电;在战场上要很快排除武器装备的故障,保证继续战斗。在这些场合,零部件具有互换性,显然是极为重要的。

综上所述，在机械制造中组织互换性生产，大量地应用具有互换性的零部件，不仅能够显著提高劳动生产率，而且在有效地保证产品质量和提高产品可靠性、降低成本等方面都具有重大的意义。

1.2 标准化

1.2.1 标准

根据 GB/T 20000.1—2014《标准化工作指南 第1部分：标准化和相关活动的通用术语》对标准所下的定义为："通过标准化活动，按照规定的程序经协商一致制定，为各种活动或其结果提供规则、指南或特性，供共同使用和重复使用的文件"。标准应以科学、技术和经验综合成果为基础，以促进最佳社会效益为目的。由此可见，标准的制定是与当前科学技术水平和生产实践相关，它通过一段时间的执行，要根据实际使用情况，对现行标准加以修订和更新。所以我们在执行各项标准时，应以最新颁布的标准为准则。

按我国《标准化法》的规定："国家标准、行业标准分为强制性标准和推荐性标准。保障人体健康，人身、财产安全的标准和法律、行政法规规定强制执行的标准是强制性标准，其他标准是推荐性标准。"强制性标准发布后，凡从事科研、生产、经营的单位和个人，都必须严格执行。不符合强制性标准要求的产品，严禁生产、销售和进口。推荐性标准不具有法律的约束力，但当推荐性标准一经被采用，或在合同中被引用则被采用或被引用的那部分内容，就应该严格执行，受合同法或有关经济法的约束。过去，我国适应计划经济的需要，实行单一的强制性标准。随着社会主义市场经济的发展，已实行强制性和推荐性两种标准，这是标准化工作中的一项重要改革。它既可将该管的标准管住、管好、管严，又可使不该管的标准放开、搞活，促进了市场经济的不断发展。

标准必须对被规定的对象提出必须满足的各方面条件和应该达到的各方面要求，对实物和制件对象提出相应的制作工艺过程和检验规范等规定。标准有如下内在的特性。

(1)标准涉及对象的重复性

标准所涉及对象必须是具有重复性特征的事物和概念。若事物和概念没有重复性，就无须制定标准。

(2)标准涉及对象的认知性

对标准涉及对象做统一规定，必须反映其内在本质并符合客观发展规律，这样才能最大限度地限制它们在重复出现中的杂乱和无序化，从而获得最佳的社会和经济效益。

(3)制定标准的协商性

标准是一种统一规定。标准的推行将涉及社会、经济效益。因而，在制定标准过程中必须既考虑所涉及各个方面的利益，又考虑社会发展和国民经济的整体和全局利益。这就要求标准的制定不但要有科学的基础，还要有广泛的调研和涉及利益多方的参与协商。

（4）标准的法规性

标准的制定、批准、发布、实施、修订和废止等，具有一套严格的形式。标准制定后，有些是要强制执行的，如一些食品、环境、安全等标准；而本书涉及的主要是一些技术标准，都是各自涉及范围内共同遵守的统一的技术依据、技术规范或规定。

1.2.2　标准化

根据 GB/T 20000.1—2014 的规定，标准化定义为："为了在既定范围内获得最佳秩序，促进共同效益，对现实问题或潜在问题确立共同使用和重复使用的条款以及编制、发布和应用文件的活动"。由标准化的定义我们可以认识到，标准化不是一个孤立的概念，而是一个活动过程，这个过程包括制定、贯彻、修订标准，循环往复，不断提高；制定、修订、贯彻标准是标准化活动的主要任务；在标准化的全部活动中，贯彻标准是个核心环节。同时还应注意到：标准化在深度上是没有止境的，无论是一个标准，还是整个标准系统，都在向更深的层次发展，不断提高，不断完善；另外，标准化的领域，尽管可以说在一切有人类智慧活动的地方都能展开，但目前大多数国家和地区都把标准化活动的领域重点放在工业生产上。

标准化是组织现代化生产的重要手段之一，是实现专业化协作生产的必要前提，是科学管理的重要组成部分。标准化的作用很多、很广泛，在人类活动的很多方面都起着不可忽视的作用。标准化可以简化多余的产品品种，促进科学技术转化为生产力，确保互换性，确保安全和健康，保护消费者的利益，消除贸易壁垒。此外，标准化可以在节约原材料、减少浪费、信息交流、提高产品可靠性等方面发挥作用。在现代工业社会化的生产中，标准化是实现互换性的基础。

世界各国的经济发展过程表明，标准化是实现现代化的一个重要手段，也是反映现代化水平的一个重要标志。现代化的程度越高，对标准化的要求也越高。通过标准化以及相关技术政策的实施，可以整合和引导社会资源，激活科技要素，推动自主创新与开放创新，加速技术积累、科技进步、成果推广、创新扩散、产业升级以及经济、社会、环境的全面、协调、可持续发展。

1.2.3　标准的分类

在技术经济领域内，标准可分为技术标准和管理标准两类不同性质的标准。标准分类关系图如图 1.1 所示。

（1）标准的性质

按照标准的性质，标准可分为技术标准和管理标准。技术标准是指根据生产技术活动的经验和总结，作为技术上共同遵守的法规而制定的标准。技术标准包括基础标准、产品标准、方法标准、环保标准等。管理标准是指对标准化领域中需要协调统一的管理事项所制定的标准。管理标准包括生产组织标准、经济管理标准、服务标准等。

（2）标准的特征

按标准化对象的特征，标准可分为：基础标准，产品标准，方法标准和安全、卫生、

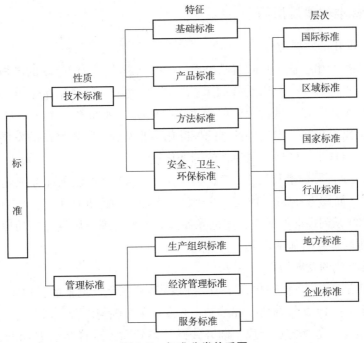

图 1.1　标准分类关系图

环保标准等。基础标准是指在一定范围内作为标准的基础并普遍使用，具有广泛指导意义的标准，如极限与配合标准、几何公差标准、渐开线圆柱齿轮精度标准等。基础标准是以标准化共性要求和前提条件为对象的标准，是为了保证产品的结构功能和制造质量而制定的、一般工程技术人员必须采用的通用性标准，也是制定其他标准时可依据的标准。本书所涉及的标准就是基础标准。

（3）标准的层次

按标准的作用范围，标准可分为国际标准、区域标准、国家标准、行业标准、地方标准和企业标准。国际标准、区域标准、国家标准、地方标准分别是由国际标准化的标准组织、区域标准化的标准组织、国家标准机构、国家的某个区域一级所通过并发布的标准。对于已有国家标准或行业标准，企业也可制定严于国家标准或行业标准的企业标准，在企业内部使用。

①国家标准：对需要在全国范围内统一的技术要求，应当制定国家标准。

②行业标准：对没有国家标准，而又需要在全国某行业范围内统一的技术要求，应当制定行业标准。但在有了国家标准后，该项行业标准就废止了。

③地方标准：对没有国家标准和行业标准，而又需要在省、自治区、直辖市范围内统一的工业产品的安全、卫生等要求，应当制定地方标准。但在公布相应的国家标准或行业标准后，该地方标准就废止了。

④企业标准：对企业生产的产品，在没有国家标准和行业标准的情况下，制定企业标准作为组织生产的依据。对于已有国家标准或行业标准的，企业也可以制定严于国家标准或行业标准的企业标准，在企业内部使用。

1.2.4 标准化发展历程

（1）国际标准化的发展历程

标准化在人类开始创造工具时就已出现。标准化是社会生产劳动的产物。标准化在近代工业兴起和发展的过程中显得重要起来。早在 19 世纪，标准化在造船、铁路运输等行业中的应用十分突出，在机械行业中的应用也很广泛。到 20 世纪初，一些国家相继成立全国性的标准化组织机构，推进了各国的标准化事业发展。随着生产的发展，国际交流越来越频繁，因而出现了地区性和国际性的标准化组织。

1926 年成立了国际标准化协会（简称为 ISA），1947 年重建国际标准化协会并改名为国际标准化组织（简称为 ISO）。现在，这个世界上最大的标准化组织已成为联合国甲级咨询机构。ISO9000 系列标准的颁发，使世界各国的质量管理及质量保证的原则、方法和程序，都统一在国际标准的基础之上。

（2）我国标准化的发展历程

我国标准化是在 1949 年新中国成立后得到重视并发展起来的，1958 年发布第一批120 项国家标准。从 1959 年开始，陆续制定并发布了极限与配合、形状与位置公差、公差原则、表面粗糙度、光滑极限量规、渐开线圆柱齿轮精度等许多公差标准。我国在 1978年恢复为 ISO 成员国，承担 ISO 技术委员会秘书处工作和国际标准草案起草工作。

从 1979 年开始，我国制定并发布了以国际标准为基础的新的公差标准。从 1992 年开始，我国又发布了以国际标准为基础修订的 G/T 类新版标准。

1988 年中华人民共和国第七届全国人民代表大会常务委员会通过了《中华人民共和国标准化法》，1993 年发布了《中华人民共和国产品质量法》。为了保障人体健康、人身与财产安全，在 2001 年 12 月，国家质量监督检验检疫总局颁布的《强制性产品认证管理规定》，明确规定了凡列入强制性认证内容的产品，必须经国家指定的认证机构认证合格，取得指定认证机构颁发的认证证书，取得认证标志后，方可出厂销售、出口和使用。

2009 年《产品几何技术规范标准（GPS）》的颁布与实行，进一步推动了我国标准与国际标准的接轨，我国标准化的水平在社会主义现代化建设过程中不断发展提高，对我国经济的发展做出了很大的贡献。

我国作为制造业大国，伴随着全球经济一体化，陆续修订了相关国家标准，修订的原则是在立足我国实际的基础上向国际标准靠拢。

（3）我国计量技术的发展历程

在我国悠久的历史上，很早就有关于几何量检测的记载。早在秦朝时期就统一了度量衡制度，西汉已有了铜制卡尺。但长期的封建统治使得科学技术未能进一步发展，计量技术一直处于落后的状态，直到 1949 年新中国成立后才扭转了这种局面。

国务院 1959 年发布了《关于统一计量制度的命令》，1977 年发布了《中华人民共和国计量管理条例》，1984 年发布了《关于在我国统一实行法定计量单位的命令》。

1985 年第六届全国人民代表大会常务委员会通过了《中华人民共和国计量法》。

我国健全各级计量机构和长度量值传递系统，规定采用国际米制作为长度计量单位，保证全国计量单位统一和量值准确可靠，有力地促进我国科学技术的发展。

伴随我国计量制度建设与发展，我国的计量器具业获得了较大的发展，能够批量生产用于几何量检测的多品种计量仪器，如万能测长仪、万能工具显微镜等。同时，还设计制造出一些具有世界先进水平的计量仪器，如激光光电光波比长仪、光栅式齿轮全误差测量仪、原子力显微镜等。

1.3 优先数系与优先数

在生产中，为了满足用户各种各样的要求，同一品种、同一参数还要从大到小取不同的值，从而形成不同规格的产品系列。优先数和优先数系就是对各种技术参数的数值进行协调、简化和统一的一种科学的数值标准。为了保证互换性，必须合理地确定零件公差，公差数值标准化的理论基础，即为优先数系和优先数。

1.3.1 优先数系

在生产中，当选定一个数值作为某种产品的参数指标后。这个数值就会按照一定规律向一切相关的制品、材料等有关参数指标传播扩散。例如动力机械的功率和转速值确定后，不仅会传播到有关机器的相应参数上，而且必然会传播到其本身的轴、轴承、键、齿轮、联轴节等一整套零部件的尺寸和材料特性参数上，并进而传播到加工和检验这些零部件用的刀具、量具、夹具及机床等的相应参数上。这种技术参数的传播性，在生产实际中是极为普遍的现象，并且跨越行业和部门的界限。工程技术上的参数数值，即使只有很小的差别，经过反复传播后，也会造成尺寸规格的繁多杂乱，以致给组织生产、协作配套及使用维修等带来很大困难。因此，对于各种技术参数，必须从全局出发，加以协调。

根据工程技术上的要求，优先数系是一种十进制几何级数。GB/T 321—2005《优先数和优先数系》规定，优先数系是由公比为 $\sqrt[5]{10}$、$\sqrt[10]{10}$、$\sqrt[20]{10}$、$\sqrt[40]{10}$ 和 $\sqrt[80]{10}$，且项值中含有 10 的整数幂的理论等比数列导出的一组近似等比的数列。各数列分别用符号 R5、R10、R20、R40 和 R80 表示，称为 R5 系列、R10 系列、R20 系列、R40 系列和 R80 系列。

由上述可知，优先数系的五个系列的公比都是无理数，在工程技术上不能直接应用，而实际应用的是理论公比经过化整后的近似值，各系列的公比如下：

$$R5：公比 \quad q_5 = \sqrt[5]{10} \approx 1.5849 \approx 1.60$$

$$R10：公比 \quad q_{10} = \sqrt[10]{10} \approx 1.2589 \approx 1.25$$

$$R20：公比 \quad q_{20} = \sqrt[20]{10} \approx 1.1220 \approx 1.12$$

$$R40：公比 \quad q_{40} = \sqrt[40]{10} \approx 1.0593 \approx 1.06$$

$$R80：公比 \quad q_{80} = \sqrt[80]{10} \approx 1.0291 \approx 1.03$$

（1）基本系列

R5、R10、R20 和 R40 四个系列，是优先数系中的常用系列，称为基本系列，该系列各项数值如表 1.1 所示。其代号为：

　　系列无限定范围时，用 R5、R10、R20、R40 表示；

　　系列有限定范围时，应注明界限值，例如，R10(1.25…) 表示以 1.25 为下限的 R10 系列，R20(…45) 表示以 45 为上限的 R20 系列，R40(75…300) 表示以 75 为下限和 300 为上限的 R40 系列。

表 1.1　优先数系的基本系列(常用值)(GB/T 321—2005)

R5	1.00		1.60		2.50		4.00		6.30		10.00
R10	1.00	1.25	1.60	2.00	2.50	3.15	4.00	5.00	6.30	8.00	10.00
R20	1.00	1.12	1.25	1.40	1.60	1.80	2.00	2.24	2.50	2.80	3.15
	3.55	4.00	4.50	5.00	5.60	6.30	7.10	8.00	9.00	10.00	
R40	1.00	1.06	1.12	1.18	1.25	1.32	1.40	1.50	1.60	1.70	1.80
	1.90	2.00	2.12	2.24	2.36	2.50	2.65	2.80	3.00	3.15	3.35
	3.55	3.75	4.00	4.25	4.50	4.75	5.00	5.30	5.60	6.00	6.30
	6.70	7.10	7.50	8.00	8.50	9.00	9.50	10.00			

(2)补充系列

R80 系列称为补充系列，其代号表示方法同基本系列。

(3)变形系列

变形系列主要有三种：派生系列、移位系列和复合系列。

1.3.2　优先数

优先数系的五个系列(R5、R10、R20、R40 和 R80)中任一个项值均称为优先数，根据其取值的精确程度，数值可分为：

(1)优先数的理论值

理论值即理论等比数列的项值。如 R5 理论等比数列的项值有 1、$\sqrt[5]{10}$、$(\sqrt[5]{10})^2$、$(\sqrt[5]{10})^3$、$(\sqrt[5]{10})^4$、10 等。理论值一般是无理数，不便于实际应用。

(2)优先数的计算值

计算值是对理论值取五位有效数字的近似值，同理论值相比，其相对误差小于 $1/(2\times10^4)$，供精确计算用。例如 1.60 的计算值为 1.5849。

(3)优先数的常用值

即通常所称的优先数，是取三位有效数字进行圆整后规定的数值，是经常使用的，如表 1.1 所示。

(4)优先数的化整值

化整值是对基本系列中的常用数值做进一步圆整后所得的值，一般取两位有效数字，供特殊情况用。例如，1.12 的化整值为 1.1，6.3 的化整值为 6.0 等。

1.3.3　优先数系的应用

(1)在确定产品的参数或参数系列时，如果没有特殊原因而必须选用其他数值的话，只要能满足技术经济上的要求，就应当力求选用优先数，并且按照 R5、R10、R20 和 R40

的顺序，优先用公比较大的基本系列；当一个产品的所有特性参数不可能都采用优先数，也应使一个或几个主要参数采用优先数；即使单个参数值，也应按上述顺序选用优先数。这样做可在产品发展时，插入中间值后仍保持或逐步发展成为有规律的系列，便于跟其他相关产品协调配套。

（2）当基本系列的公比不能满足分级要求时，可选用派生系列。选用时应优先采用公比较大和延伸项中含有项值1的派生系列。移位系列只适宜于因变量参数的系列。

（3）当参数系列的延伸范围很大，从制造和使用的经济性考虑，在不同的参数区间，需要采用公比不同的系列时，可分段选用最适宜的基本系列或派生系列，以构成复合系列。

（4）按优先数常用值分级的参数系列，公比是不均等的。在特殊情况下，为了获得公比精确相等的系列，可采用计算值。

（5）如无特殊原因，应尽量避免使用化整值。因为化整值的选用带有任意性，不易取得协调统一。如系列中含有化整值，就使以后向较小公比的系列转换变得较为困难，化整值系列公比的均匀性差，化整值的相对误差经乘、除运算后往往进一步增大等。

习题一

1. 什么叫互换性？它在机械制造中有何作用？是否互换性只适用于大批量生产？

2. 生产中常用的互换性有几种？采用不完全互换的条件和意义是什么？

3. 何谓标准化？它和互换性有何关系？标准应如何分类？

4. 何谓优先数系，基本系列有哪些？公比如何？

5. 下面两列数据属于哪种系列？公比 q 为多少？

（1）电动机转速（单位为 r/min）：375、750、1500、3000……

（2）摇臂钻床的主参数（最大钻孔直径，单位为 mm）：25、40、63、80、100、125 等。

第2章 孔、轴结合的尺寸精度设计

2.1 概述

一个零件的几何要素在加工过程中不可避免地会产生误差。实践证明，只要误差不超过允许的范围(即公差范围)，就可以满足产品的正常使用要求。可见，公差的大小反映了零件几何参数的使用要求，配合则反映了组成机械的零部件之间的结合关系。因此，尺寸精度的设计问题就是合理确定组成机械产品的零部件几何参数的公差与配合问题。

为了满足互换性的要求，国家标准计量局已对这些公差与配合进行了标准化，制定并颁布了相应的国家标准。考虑到便于国际间的技术交流，所以我国的极限与配合标准采用了国际公差制。这些标准是尺寸精度设计的重要依据。

公差与配合部分的标准主要包括：

GB/T 1800.1—2020《产品几何技术规范(GPS) 线性尺寸公差 ISO 代号体系 第1部分：公差、偏差和配合的基础》；

GB/T 1800.2—2020《产品几何技术规范(GPS) 线性尺寸公差 ISO 代号体系 第2部分：标准公差带代号和孔、轴的极限偏差表》；

GB/T 38762.1—2020《产品几何技术规范(GPS) 尺寸公差 第1部分：线性尺寸》；

GB/T 38762.2—2020《产品几何技术规范(GPS) 尺寸公差 第2部分：除线性、角度尺寸外的尺寸》；

GB/T 1804—2000《一般公差 未注公差的线性和角度尺寸的公差》。

2.2 公差、偏差与配合的基本术语

为了保证互换性，统一设计、制造、检验和使用的认识，在标准中，首先对公差与配合的基本术语做了规定。

2.2.1 孔与轴

(1)孔通常是指工件的内尺寸要素，包括非圆柱面形的内尺寸要素。

（2）轴通常是指工件的外尺寸要素，包括非圆柱形的外尺寸要素。

由此定义可知，这里所说的孔、轴并非仅指圆柱形体的内、外表面，也包括非圆柱形的内、外表面。如图2.1中的键槽宽 D，T形槽宽 D_1、D_2、D_3 均为孔；而轴的直径 d_1、槽厚度 d_1 等均为轴。另外，从装配关系看，孔是包容面，轴是被包容面；从加工过程看，随着加工余量的切除，孔的尺寸由小变大，而轴的尺寸由大变小。可见，在极限与配合制中，

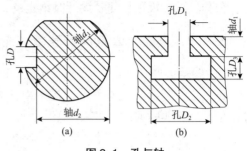

图2.1　孔与轴

孔、轴的概念是广义的，而且都是由单一尺寸构成的，例如圆柱体的直径、键和键槽宽等。

2.2.2　尺寸

尺寸要素是指由一定大小的线性尺寸或角度尺寸确定的几何形状。尺寸要素可以是圆柱形、球形、两平行对应面、圆锥形或楔形等。

尺寸要素包括线性尺寸要素或者角度尺寸要素。线性尺寸要素是具有线性尺寸的尺寸要素，可以是一个球体、一个圆、两条直线、两相对平行面、一个圆柱体、一个圆环。角度尺寸要素属于回转恒定类别的几何要素，其母线名义上倾斜一个不等于0°或90°的角度；或属于棱柱面恒定类别，两个方位要素之间的角度由具有相同形状的两个表面组成。圆锥和楔块即为角度尺寸要素。

（1）尺寸

尺寸是指尺寸要素的可变尺寸参数，可在公称要素或拟合要素上定义。尺寸包含线性尺寸（如圆柱面的直径，或者两相对平行平面、两相对直线或两同心圆之间的距离）和角度尺寸（如圆锥角），对不同的线性尺寸要素类型而言，术语"直径""宽度"或"厚度"均与"尺寸"含义相同。

（2）公称尺寸

公称尺寸是由图样规范定义的理想形状要素的尺寸，通常指设计给定的尺寸，即由设计人员根据使用要求，通过强度、刚度计算，并考虑结构和工艺方面的因素，参考经验或试验数据后，取标准值的尺寸，它也是计算偏差的起始尺寸。孔、轴的公称尺寸代号分别用 D 和 d 表示。

（3）实际尺寸

实际尺寸是指拟合组成要素的尺寸，即零件加工后通过测量得到的某一尺寸。由于存在测量误差，实际尺寸并非被测尺寸的真值，而是一个近似真值的尺寸。此外，由于工件存在着形状误差，所以不同部位的尺寸真值也不完全相同。孔、轴的实际尺寸代号分别用 D_a 和 d_a 表示。

（4）极限尺寸

极限尺寸是指尺寸要素的尺寸所允许的极限值。极限尺寸以公称尺寸为基数来确定，两个界限值中较大的一个称为上极限尺寸，较小的一个称为下极限尺寸。孔、轴极限尺寸

代号分别用 D_{max}、D_{min} 和 d_{max}、d_{min} 表示。

公称尺寸和极限尺寸是设计时给定的,实际尺寸控制在极限尺寸范围内。

2.2.3 偏差、公差及公差带

(1)偏差

偏差是指某值与其参考值之差。对于尺寸偏差,参考值是公称尺寸,某值是实际尺寸。偏差包括实际偏差和极限偏差。

实际尺寸减其公称尺寸所得的代数差,称为实际偏差,孔的实际偏差用 E_a 表示,轴的实际偏差用 e_a 表示。

上极限尺寸减其公称尺寸所得的代数差,称为上极限偏差;下极限尺寸减其公称尺寸所得的代数差,称为下极限偏差;相对于公称尺寸的上极限偏差和下极限偏差统称为极限偏差。用代号 ES 表示孔的上极限偏差;用 es 表示轴的上极限偏差;用代号 EI 表示孔的下极限偏差;用 ei 表示轴的下极限偏差。孔、轴上、下极限偏差分别可用以下代数式表示

$$ES = D_{max} - D, \quad es = d_{max} - d \tag{2.1}$$

$$EI = D_{min} - D, \quad ei = d_{min} - d \tag{2.2}$$

偏差为代数值,有正数、负数或零。计算和标注时,除零以外必须带有正号或负号。

基本偏差是指国家标准规定的,用来确定公差带相对公称尺寸位置的那个极限偏差,可以是上极限偏差或下极限偏差,一般为靠近零线或位于零线的那个极限偏差(见图2.2和本章2.4)。基本偏差通常用字母表示(如B、d)。

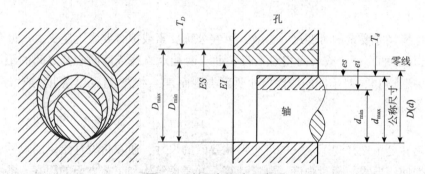

图2.2 极限与配合示意图

(2)公差

公差等于上极限尺寸与下极限尺寸之差,是一个没有符号的绝对值,也等于上极限偏差与下极限偏差之代数差。尺寸公差是指允许尺寸的变动量。孔、轴的公差代号分别用 T_D 和 T_d 表示。

根据公差定义,孔、轴公差可分别用下式表示

$$T_D = \left| D_{max} - D_{min} \right|, \quad T_d = \left| d_{max} - d_{min} \right| \tag{2.3}$$

由于根据式(2.1)、式(2.2)可分别得出 $D_{max} = D + ES$,$D_{min} = D + EI$,$d_{max} = d + es$ 和 $d_{min} = d + ei$。故有

$$T_D = \left| ES - EI \right|, \quad T_d = \left| es - ei \right| \tag{2.4}$$

值得注意的是：公差与偏差是有区别的，偏差是代数值，有正负号；而公差则是绝对值，没有正负之分，计算时决不能加正负号，而且不能为零。

图2.2是极限与配合的一个示意图，它表明了相互结合的孔和轴的公称尺寸、极限尺寸、极限偏差与公差的相互关系。

（3）尺寸公差带图

为了清晰、直观地表达公称尺寸、极限偏差、公差，以及孔和轴的关系，最好用图形来表示。由于公差及偏差的数值与公称尺寸数值相比差别甚大，不便用同一比例表示，故国标规定了孔、轴的公差及其配合图解，简称公差带图，如图2.3所示。通过该图，我们可以看出，公差带图由两部分组成：零线和公差带。

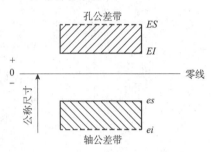

图2.3　公差带图

零线：在公差带图中，确定偏差的一条基准直线，即零偏差线。通常，零线表示公称尺寸。在绘制公差带图时，应注意标注零线（公称尺寸线）、公称尺寸数值和符号"＋、0、－"。

尺寸公差带（简称公差带）：在公差带图中，由代表上、下极限偏差或上极限尺寸和下极限尺寸的两条直线所限定的一个区域。它是由公差大小和其相对零线的位置来确定。在绘制公差带图时，应注意用不同方式区分孔、轴公差带，其相互位置与大小则应用协调比例画出。公差带的基本偏差用水平粗实线表示，公差带的另一个极限偏差用虚线表示。由于公差带图中，孔、轴的公称尺寸和上、下极限偏差的量纲单位可能不同，对于某一孔、轴尺寸公差带图的绘制，规定有两种不同的画法：①图中孔、轴的公称尺寸和上、下极限偏差都不标写量纲单位。这表示图中各数值的量纲单位均为 mm，这种公差带图的绘制方法，可参见图2.4（a）；②图中孔、轴的公称尺寸标写量纲单位 mm，上、下极限偏差不标写量纲单位，这表示孔、轴公称尺寸的量纲为 mm，而其上、下极限偏差的量纲单位为 μm，这种公差带图的绘制方法，可参见图2.4（b）。

例2.1　已知孔、轴公称尺寸为 $\phi25\text{mm}$，$D_{max} = \phi25.021\text{mm}$，$D_{min} = \phi25.000\text{mm}$，$d_{max} = \phi24.980\text{mm}$，$d_{min} = \phi24.967\text{mm}$，求孔与轴的极限偏差和公差，并注明孔与轴的极限偏差在图样上如何标注，最后用两种方法画出它们的尺寸公差带图。

解　根据式（2.1）~式（2.4）可得

孔的上极限偏差　$ES = D_{max} - D = 25.021 - 25 = +0.021\text{mm}$

孔的下极限偏差　$EI = D_{min} - D = 25 - 25 = 0$

轴的上极限偏差　$es = d_{max} - d = 24.980 - 25 = -0.020\text{mm}$

轴的下极限偏差　$ei = d_{min} - d = 24.967 - 25 = -0.033\text{mm}$

孔的公差 $T_D = |D_{max} - D_{min}| = |25.021 - 25| = 0.021\text{mm}$

　　或 $T_D = |ES - EI| = |(+0.021) - 0| = 0.021\text{mm}$

轴的公差 $T_d = |d_{max} - d_{min}| = |24.980 - 24.967| = 0.013\text{mm}$

　　或 $T_d = |es - ei| = |(-0.02) - (-0.033)| = 0.013\text{mm}$

在图样上的标注：孔为 $\phi25_0^{+0.021}$，轴为 $\phi25_{-0.033}^{-0.020}$。

用两种方法画出的孔、轴尺寸公差带图，如图2.4所示。

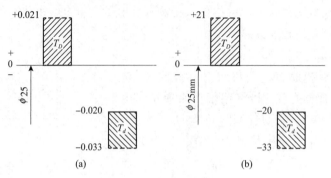

图2.4　尺寸公差带图

2.2.4　配合

（1）配合的定义

配合是指类型相同且待装配的外尺寸要素（轴）和内尺寸要素（孔）之间的关系。由此可见，形成配合要有两个基本条件：一是孔和轴的公称尺寸必须相同，二是具有包容和被包容的特性，即孔和轴的结合。另外配合是指一批孔、轴的装配关系，而不是指单个孔和单个轴的相配，所以用公差带相互位置关系来反映配合比较确切。

（2）间隙或过盈

间隙或过盈是指孔的尺寸减去相配合的轴的尺寸所得的代数差。当轴的直径小于孔的直径时，孔和轴的尺寸之差为间隙；当轴的直径大于孔的直径时，相配合孔和轴的尺寸之差为过盈。间隙代数量代号用 X 表示，过盈代数量代号用 Y 表示。

（3）配合的分类

①间隙配合是指孔和轴装配时总是存在间隙的配合。此时，孔的公差带在轴的公差带之上（包括相接），如图2.5所示。

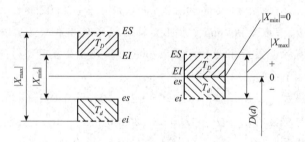

图2.5　间隙配合的尺寸公差带

在间隙配合中，孔的上极限尺寸与轴的下极限尺寸之差为最大间隙，代号为 $X_{\max}$，即：

$$X_{\max} = D_{\max} - d_{\min} = ES - ei \tag{2.5}$$

在间隙配合中，孔的下极限尺寸与轴的上极限尺寸之差为最小间隙，用代号 $X_{\min}$ 表示，即：

$$X_{\min} = D_{\min} - d_{\max} = EI - es \tag{2.6}$$

由图2.5可见，当孔的下极限尺寸等于轴的上极限尺寸时，最小间隙 $X_{\min} = 0$。

在实际生产中，有时用到平均间隙，代号为 X_{av}，即：

$$X_{av} = (X_{\max} + X_{\min})/2 \tag{2.7}$$

间隙值的前面必须标注正号。

例2.2 试计算孔 $\phi 30_0^{+0.033}$ 与轴 $\phi 30_{-0.041}^{-0.020}$ 配合的极限间隙和平均间隙。

解 依题意可判定：$ES = +0.033\text{mm}$，$EI = 0\text{mm}$，$es = -0.020\text{mm}$，$ei = -0.041\text{mm}$，根据式(2.5)~式(2.7)可得：

$$X_{\max} = ES - ei = (+0.033) - (-0.041) = +0.074\text{mm}$$

$$X_{\min} = EI - es = 0 - (-0.020) = +0.020\text{mm}$$

$$X_{av} = (X_{\max} + X_{\min})/2 = [(+0.074) + (+0.020)]/2 = +0.047\text{mm}$$

②过盈配合是指孔和轴装配时总是存在过盈的配合。此时，孔的公差带在轴的公差带之下(包括相接)，如图2.6所示。

在过盈配合中，孔的上极限尺寸减去轴的下极限尺寸所得的代数差为最小过盈，用代号 $Y_{\min}$ 表示，即：

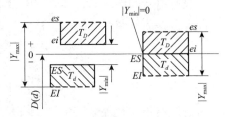

图2.6 过盈配合的尺寸公差带

$$Y_{\min} = D_{\max} - d_{\min} = ES - ei \tag{2.8}$$

孔的下极限尺寸减去轴的上极限尺寸所得的代数差为最大过盈，用代号 $Y_{\max}$ 表示，即：

$$Y_{\max} = D_{\min} - d_{\max} = EI - es \tag{2.9}$$

由图2.6可见，当孔的上极限尺寸等于轴的下极限尺寸时，则最小过盈 $Y_{\min} = 0$。在实际生产中，有时用到平均过盈，用代号 Y_{av} 表示，即

$$Y_{av} = (Y_{\min} + Y_{\max})/2 \tag{2.10}$$

过盈值的前面必须标注负号。

例2.3 试计算孔 $\phi 30_0^{+0.033}$ 与轴 $\phi 30_{+0.048}^{+0.069}$ 配合的极限过盈和平均过盈。

解 依题意可判定：$ES = +0.033\text{mm}$，$EI = 0\text{mm}$，$es = +0.069\text{mm}$，$ei = +0.048\text{mm}$，根据式(2.8)~式(2.10)可得：

$$Y_{\max} = EI - es = 0 - (+0.069) = -0.069\text{mm}$$

$$Y_{\min} = ES - ei = (+0.033) - (+0.048) = -0.015\text{mm}$$

$$Y_{av} = (Y_{\min} + Y_{\max})/2 = [(-0.069) + (-0.015)]/2 = -0.042\text{mm}$$

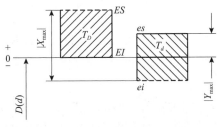

图2.7 过渡配合的尺寸公差带

③过渡配合是指孔和轴装配时可能具有间隙或过盈的配合。此时，孔的公差带与轴的公差带相交叠，如图2.7所示。

在过渡配合中，孔的上极限尺寸减去轴的下极限尺寸所得的代数差为最大间隙。计算公式同式(2.5)。孔的下极限尺寸减去轴的上极限尺寸所得的代数差为最大过盈，计算公式同式(2.9)。

过渡配合中的平均间隙或平均过盈为：

$$X_{av}（或 Y_{av}）=（X_{max}+Y_{max}）/2 \qquad (2.11)$$

例 2.4 试计算孔 $\phi 30_0^{+0.033}$ 与轴 $\phi 30_{-0.008}^{+0.013}$ 配合的极限间隙或过盈、平均过盈或间隙。

解 依题意可判定：$ES=+0.033mm$，$EI=0mm$，$es=+0.013mm$，$ei=-0.008mm$，根据式(2.5)、式(2.9)、式(2.11)可得：

$$X_{max}=ES-ei=（+0.033）-（-0.008）=+0.041mm$$

$$Y_{max}=EI-es=0-（+0.013）=-0.013mm$$

因为 $|X_{max}|=|+0.041|=0.041>|Y_{max}|=|-0.013|=0.013$，故平均间隙为：

$$X_{av}=（X_{max}+Y_{max}）/2=[（+0.041）+（-0.013）]/2=+0.014mm$$

（4）配合公差

配合公差是指组成配合的两个尺寸要素的尺寸公差之和，用代号 T_f 表示。配合公差是一个没有符号的绝对值，其表示配合所允许的变动。

配合公差表明装配后的配合精度(或称装配精度)。间隙配合中：

$$T_f=|X_{max}-X_{min}|=T_D+T_d \qquad (2.12)$$

过盈配合中：

$$T_f=|Y_{min}-Y_{max}|=T_D+T_d \qquad (2.13)$$

过渡配合中：

$$T_f=|X_{max}-Y_{max}|=T_D+T_d \qquad (2.14)$$

式(2.12)~式(2.14)反映使用要求与加工要求的关系。设计时，可根据配合中允许的间隙或过盈变动范围，来确定孔、轴公差。

例 2.5 试计算例2.2、例2.3、例2.4中的配合公差。

解 在例2.2中，根据式(2.12)可得：

$$T_f=|X_{max}-X_{min}|=|（+0.074）-（+0.020）|=0.054mm$$

在例2.3中，根据式(2.13)可得：

$$T_f=|Y_{min}-Y_{max}|=|（-0.015）-（-0.069）|=0.054mm$$

在例3.4中，根据式(2.14)可得：

$$T_f=|X_{max}-Y_{max}|=|（+0.041）-（-0.013）|=0.054mm$$

配合公差也可根据孔、轴公差计算，即：

$$T_f=T_D+T_d=0.033+0.021=0.054mm$$

2.2.5 配合制

在工程实践中，需要各种不同的孔、轴公差带来实现各种不同的配合。为了设计和制造上的方便，把其中孔的公差带(或轴的公差带)位置固定，用改变轴的公差带(或孔的公差带)位置来形成所需要的各种配合。

GB/T 1800.1—2020《产品几何技术规范（GPS）线性尺寸公差 ISO 代号体系 第1部分：公差、偏差和配合的基础》中规定了两种等效的配合制：基孔制配合和基轴制配合。

由线性尺寸公差 ISO 代号体系确定公差的孔和轴组成的一种配合制度称为配合制。

（1）基孔制配合

孔的基本偏差为零的配合，即其下极限偏差等于零的一种配合制，称为基孔制配合，如图 2.8 所示。

图 2.8　基孔制和基轴制配合

（2）基轴制配合

轴的基本偏差为零的配合，即其上极限偏差等于零的一种配合制，称为基轴制配合，如图 2.8 所示。

标准中规定的配合制，不仅适用于圆柱（包括平行平面）结合，同样也适用于螺纹结合、圆锥结合、键和花键结合等典型零件。就是齿轮传动的侧隙规范也是按配合制原则规定了所谓基齿厚制（相当于基轴制配合）和基中心距制（相当于基孔制配合）两种制度。

2.3　标准公差系列

标准公差系列是由不同公差等级和不同公称尺寸的标准公差值构成的。标准公差是指大小已经标准化的公差值，即在本标准极限与配合制中所规定的任一公差，用以确定公差带大小，即公差带宽度。

经生产实践和试验统计分析证明，公称尺寸相同的一批零件，若加工方法和生产条件不同，则产生的误差也不同；加工方法和生产条件相同，而公称尺寸不同，也会产生大小不同的误差。从误差产生的规律出发，由试验统计得到的公差计算表达式为

$$T = ai = af(D) \tag{2.15}$$

式中，a 为公差等级系数，它表示零件尺寸相同，而要求公差等级不同时，应有不同的公差值；i 为公差因子（或称公差单位），即 $i = f(D)$；D 为公称尺寸分段的几何平均值，mm。

由此可见，公差值的标准化，就是如何确定公差因子 i、公差等级系数 a 和公称尺寸分段的几何平均值 D。

2.3.1　公差因子 i 及其计算式的确定

公差因子 i 是计算标准公差值的基本单位，也是制定标准公差系列表的基础。根据生产实践以及专门的科学试验和统计分析表明，标准公差因子与零件尺寸的关系如图 2.9 所

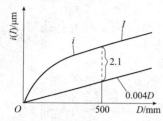

图 2.9 公差因子与零件尺寸的关系

示。由图 2.9 可见，在常用尺寸段（≤500mm）内，它们呈立方抛物线的关系；当尺寸较大时，接近线性关系。由误差与公差的关系可知，其公差必须大于等于加工误差 $f_{加工}$ 和测量误差 $f_{测量}$ 之和，即

$$T \geqslant f_{加工} + f_{测量}$$

当 $D \leqslant 500$mm 时，标准公差因子的计算式为

$$i = 0.45 \sqrt[3]{D} + 0.001D \qquad (2.16)$$

式中，D 的单位为 mm，i 的单位为 μm。上式等号右边第一项反映加工误差随尺寸变化的关系，即符合立方抛物线的关系；第二项反映测量误差随尺寸的变化关系，即符合线性关系，它主要考虑温度变化引起的测量误差。

通过实验得知：加工 ϕ30mm 的零件，给定标准公差值为 13μm，当温度变化 5℃ 时，该零件尺寸变化量为 1.7μm，仅占公差值的 13%；但加工零件尺寸为 ϕ3000mm 时，其相应的标准公差为 135μm，若温度也变化 5℃，零件尺寸的变化量竟达 176μm，占给定公差值的 130%。由此可见，当尺寸较大时，由于温度的变化而产生的测量误差将占有很大的比例，所以，当零件尺寸 >500 ~ 3150mm 时，其公差单位的计算式为

$$I = 0.004D + 2.1 \qquad (2.17)$$

该式表明，对大尺寸而言，零件的制造误差主要是由温度变动引起的测量误差，它随尺寸的变化为线性关系。其中，常数是考虑到与常用尺寸段的衔接关系，以尺寸 500mm 分别代入公式（2.16）和"0.004D"中所得的差值，恰好为 2.1，如图 2.9 所示。

2.3.2　公差等级及 a 值的确定

规定和划分公差等级的目的，是为了简化和统一对公差的要求，使规定的等级既能满足广泛的、不同的使用要求，又能大致代表各种加工方法的精度，这样，既有利于设计，也有利于制造。

GR/T 1800.1—2020 在公称尺寸至 500mm 内规定了 01，0，1，…，18 共 20 个等级；在公称尺寸大于 500 ~ 3150mm 内规定了 1，2，…，18 共 18 个等级。标准公差代号，是用 IT（ISO Tolerance 缩写）与阿拉伯数字组成，表示为标准公差等级：IT01，IT0，IT1，…，IT18。从 IT01 到 IT18，等级依次降低，公差依次增大。属于同一等级的公差，对所有的尺寸段虽然公差数值不同，但应看作同等精度。

尺寸 ≤3150mm 标准公差系列的各级公差值的计算公式列于表 2.1。

从表 2.1 中可见，对 IT6 ~ IT18 的公差等级系数 a 值按优先数系 R5 的公比 1.6 增加，每隔 5 项数值增 10 倍。IT5 的 a 值是继承旧公差标准，因此仍取 7。

对于高精度 IT01、IT0、IT1，主要考虑测量误差，因而其标准公差与零件尺寸呈线性关系，且三个等级的标准公差计算公式之间的常数和系数均采用优先数系的派生系列 R10/2。IT2、IT3、IT4 的标准公差，以一定公比的几何级数插入 IT1 与 IT5 之间，即得如表 2.1 所列相应的计算公式。

表 2.1　标准公差计算公式　　　　　　　　　　　　　　μm

公差等级	标准公差	公称尺寸/mm		公差等级	标准公差	公称尺寸/mm	
		$D \leqslant 500$	$D > 500 \sim 3150$			$D \leqslant 500$	$D > 500 \sim 3150$
01	IT01	$0.3 + 0.008D$	$1I$	8	IT8	$25i$	$25I$
0	IT0	$0.5 + 0.012D$	$\sqrt{2}I$	9	IT9	$40i$	$40I$
1	IT1	$0.8 + 0.020D$	$2I$	10	IT10	$64i$	$64I$
2	IT2	(IT1) $\left(\dfrac{\text{IT5}}{\text{IT1}}\right)^{\frac{1}{4}}$		11	IT11	$100i$	$100I$
				12	IT12	$160i$	$160I$
3	IT3	(IT1) $\left(\dfrac{\text{IT5}}{\text{IT1}}\right)^{\frac{1}{2}}$		13	IT13	$250i$	$250I$
				14	IT14	$400i$	$400I$
4	IT4	(IT1) $\left(\dfrac{\text{IT5}}{\text{IT1}}\right)^{\frac{3}{4}}$		15	IT15	$640i$	$640I$
5	IT5	$7i$	$7I$	16	IT16	$1000i$	$1000I$
6	IT6	$10i$	$10I$	17	IT17	$1600i$	$1600I$
7	IT7	$16i$	$16I$	18	IT18	$2500i$	$2500I$

2.3.3　尺寸分段及 D 值的确定

根据表 2.1 给出的标准公差计算公式，每一个公称尺寸就有一个相应的公差值，在生产实践中，公称尺寸很多，这样就会有很多数值，为了减少公差带数目，简化表格，特别考虑到便于应用，国家标准对公称尺寸进行了分段。尺寸分段后，对同一尺寸分段内的所有公称尺寸，在相同公差等级的情况下，规定相同的标准公差值。

根据表 2.1 进行标准公差计算时，以尺寸分段(大于 $D_n \sim D_{n+1}$)的首尾两项的几何平均值 $D = \sqrt{D_n \cdot D_{n+1}}$ (但对于 ≤3mm 的尺寸段，$D = \sqrt{1 \times 3}$)代入公式中计算后，再按标准规定的标准公差数值尾数的修约规则进行修约。表 2.2 中所列标准公差数值就是经过计算和尾数修约后的各尺寸的标准公差值，在工程应用时以此表列数值为准。

例 2.6　计算公称尺寸 ϕ30mm 的 7 级和 8 级的标准公差。

解　因 ϕ30mm 属于大于 18 ~ 30mm 的尺寸段(注意：ϕ30mm 不属于大于 30 ~ 50mm 的尺寸段)。计算公称尺寸的几何平均值

$$D = \sqrt{18 \times 30} \approx 23.24\text{mm}$$

由式(2.16)得公差因子

$$i = 0.45 \sqrt[3]{D} + 0.001D = 0.45 \sqrt[3]{23.24} + 0.001 \times 23.24 \approx 1.31\mu\text{m}$$

由表 2.1 得 IT7 = $16i$ = 20.96μm，修约为 21μm；IT8 = $25i$ = 32.75μm，修约为 33μm。

例 2.7　今有两种轴：$d_1 = \phi100\text{mm}$，$d_2 = \phi8\text{mm}$，$T_{d_1} = 35\mu\text{m}$，$T_{d_2} = 22\mu\text{m}$。试比较这两种轴加工的难易程度。

解　对于轴 1，ϕ100mm 属于大于 80 ~ 120mm 尺寸段，故

$$D_1 = \sqrt{80 \times 120} = 97.98\text{mm}$$

$$i_1 = 0.45\sqrt[3]{D_1} + 0.001D_1 = 0.45\sqrt[3]{97.98} + 0.001 \times 97.98 \approx 2.173\,\mu m$$

$$a_1 = \frac{T_{d_1}}{i_1} = 35/2.173 = 16.1 \approx 16$$

根据 $a_1 = 16$ 查表 2.1 得轴 1 属于 IT7 级。

对于轴 2，$\phi 8mm$，属于大于 $6\sim10mm$ 尺寸段，故

$$D_2 = \sqrt{6 \times 10} \approx 7.746mm$$

$$i_2 = 0.45\sqrt[3]{7.746} + 0.001 \times 7.746 \approx 0.898\,\mu m$$

$$a_2 = \frac{T_{d_2}}{i_2} = 22/0.898 = 24.49 \approx 25$$

根据 $a_2 = 25$ 查表 2.1 得轴 2 属于 IT8 级。

由此可见虽然轴 2 比轴 1 的公差值小，但轴 2 比轴 1 的公差等级低，因而轴 2 比轴 1 容易加工。

例 2.6 说明了标准公差数值是如何计算出来的。显然，对标准公差都做上述计算是很麻烦的，为方便使用，在实际应用中不必自行计算，标准公差从表 2.2 查得即可。例 2.7 说明了标准公差的分级基本上是根据公差等级系数 a 的不同划分的。对于同一标准公差等级，对所有不同尺寸段虽然标准公差值不同，但应看作同精度，即加工难易程度相同。

表 2.2　标准公差数值（GB/T 1800.1—2020）

公称尺寸/ mm		标准公差等级																
		IT1	IT2	IT3	IT4	IT5	IT6	IT7	IT8	IT9	IT10	IT11	IT12	IT13	IT14	IT15	IT16	IT17	IT18
大于	至	标准公差值																	
		μm											mm						
—	3	0.8	1.2	2	3	4	6	10	14	25	40	60	0.1	0.14	0.25	0.4	0.6	1	1.4
3	6	1	1.5	2.5	4	5	8	12	18	30	48	75	0.12	0.18	0.3	0.48	0.5	1.2	1.8
6	10	1	1.5	2.5	4	6	9	15	22	36	58	90	0.15	0.22	0.36	0.58	0.9	1.5	2.2
10	18	1.2	2	3	5	8	11	18	27	43	70	110	0.18	0.27	0.43	0.7	1.1	1.8	2.7
18	30	1.5	2.5	4	6	9	13	21	33	52	84	130	0.21	0.33	0.52	0.84	1.3	2.1	3.3
30	50	1.5	2.5	4	7	11	16	25	39	62	100	160	0.25	0.39	0.62	1	1.6	2.5	3.9
50	80	2	3	5	8	13	19	30	46	74	120	190	0.3	0.46	0.74	1.2	1.9	3	4.6
80	120	2.5	4	6	10	15	22	35	54	87	140	220	0.35	0.54	0.87	1.4	2.2	3.5	5.4
120	180	3.5	5	8	12	18	25	40	63	100	160	250	0.4	0.63	1	1.6	2.5	4	6.3
180	250	4.5	7	10	14	20	29	46	72	115	185	290	0.46	0.72	1.15	1.85	2.9	4.6	7.2
250	315	6	8	12	16	23	32	52	81	130	210	320	0.52	0.81	1.3	2.1	3.2	5.2	8.1
315	400	7	9	13	18	25	36	57	89	140	230	360	0.57	0.89	1.4	2.3	3.6	5.7	8.9
400	500	8	10	15	20	27	40	63	97	155	250	400	0.63	0.97	1.55	2.5	4	6.3	9.7

2.4 基本偏差系列

基本偏差是指用来确定公差带相对公称尺寸位置的那个极限偏差，可以是上极限偏差或下极限偏差，一般为靠近零线或位于零线的那个极限偏差。公差带位于零线上方时是下极限偏差；公差带位于零线下方时是上极限偏差；当公差带在零线上，并对称于零线时，可为上极限偏差也可为下极限偏差。基本偏差是决定公差带位置的参数，为了公差带位置的标准化，并满足工程实践中各种使用情况的需要，国标规定孔和轴各有28种基本偏差，如图2.10所示。这些不同的基本偏差便构成了基本偏差系列。

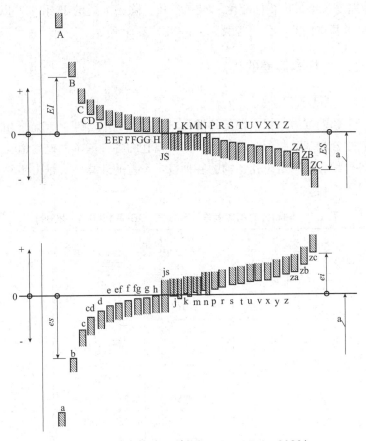

图2.10 基本偏差系列（GB/T 1800.1—2020）

2.4.1 基本偏差代号及其特点

由图2.10可见，基本偏差的代号用拉丁字母表示，大写表示孔，小写表示轴。26个字母中去掉5个易与其他参数相混淆的字母 I、L、O、Q、W（i、l、o、q、w），为满足某些配合的需要，又增加了7个双写字母：CD、EF、FG、ZA、ZB、ZC（cd、ef、fg、za、zb、zc）及 JS（js）即得孔、轴各28个基本偏差代号。

由图 2.10 可见，这些基本偏差的主要特点如下：

(1)对于轴的基本偏差：从 a ~ h 为上极限偏差 es(为负值或零)；从 j ~ zc 为下极限偏差 ei(多为正值)。对于孔的基本偏差：从 A ~ H 为下极限偏差 EI(为正值或零)；从 J ~ ZC 为上极限偏差 ES(多为负值)。

(2)H 和 h 的基本偏差均为零，即 H 的下极限偏差 $EI = 0$，h 的上极限偏差 $es = 0$。由前述可知，H 和 h 分别为基准孔和基准轴的基本偏差代号。

(3)JS 和 js 在各个公差等级中，公差带完全对称于零线，因此，它们的基本偏差可以是上极限偏差(+ IT/2)，也可以是下极限偏差(– IT/2)。而 J 和 j 为近似对称于零线，但在国标中，孔仅保留 J6、J7、J8，轴仅保留 j5、j6、j7、j8，而且将用 JS 和 js 逐渐代替 J 和 j。因此，在基本偏差系列图中将 J 和 j 放在 JS 和 js 的位置上。

(4)基本偏差是公差带位置标准化的唯一参数，除去上述的 JS 和 js，以及 k、K、M、N 以外，原则上讲基本偏差与公差等级无关，如图 2.10 所示。

2.4.2 孔、轴基本偏差的确定

(1)孔、轴基本偏差计算公式

轴的各种基本偏差数值应根据轴与基准孔 H 的各种配合要求来制定。由于在工程应用中，对于基孔制配合和基轴制配合是等效的，所以孔的各种基本偏差数值也应根据孔与基准轴 h 组成的各种配合来制定。孔、轴的各种基本偏差的计算公式是由实验和统计分析得到的，如表 2.3 所示。

表 2.3　轴和孔的基本偏差计算公式(GB/T 1800.1—2009)

公称尺寸/mm		轴			公式	孔			公称尺寸/mm	
大于	至	基本偏差	符号	极限偏差		极限偏差	符号	基本偏差	大于	至
1	120	a	–	es	$265 + 1.3D$	EI	+	A	1	120
120	500				$3.5D$				120	500
1	160	b	–	es	$\approx 140 + 0.85D$	EI	+	B	1	160
160	500				$\approx 1.8D$				160	500
0	40	c	–	es	$52D^{0.2}$	EI	+	C	0	40
40	500				$95 + 0.8D$				40	500
0	10	cd	–	es	C、c 和 D、d 值的几何平均值	EI	+	CD	0	10
0	3150	d		es	$16D^{0.44}$	EI	+	D	0	3150
0	3150	e		es	$11D^{0.41}$	EI	+	E	0	3150
0	10	ef	–	es	E、e 和 F、f 值的几何平均值	EI	+	EF	0	10

续表

公称尺寸/mm		轴			公式	孔			公称尺寸/mm	
大于	至	基本偏差	符号	极限偏差		极限偏差	符号	基本偏差	大于	至
0	3150	f	-	es	$5.5D^{0.41}$	EI	+	F	0	3150
0	10	fg	-	es	F、f 和 G、g 值的几何平均值	EI	+	FG	0	10
0	3150	g	-	es	$2.5D^{0.34}$	EI	+	G	0	3150
0	3150	h	无符号	es	偏差 = 0	EI	无符号	H	0	3150
0	500	j		es	无公式			J	0	500
0	3150	js	+ -	es ei	$0.5ITn$	ES EI	+	JS	0	3150
0	500	k	+	ei	$0.6\sqrt[3]{D}$	ES	-	K	0	500
500	3150		无符号		偏差 = 0		无符号		500	3150
0	500	m	+	ei	IT7 − IT6	ES	-	M	0	500
500	3150				$0.024D + 12.6$				500	3150
0	500	n	+	ei	$5D0.34$	ES	-	N	0	500
500	3150				$0.04D + 21$				500	3150
0	500	p	+	ei	IT7 + (0 至 5)	ES	-	P	0	500
500	3150				$0.072D + 37.8$				500	3150
0	3150	r	+	ei	P、p 和 S、s 值的几何平均值	ES	-	R	0	3150
0	50	s	+	ei	IT8 + (1 至 4)	ES	-	S	0	50
50	3150				$IT7 + 0.4D$				50	3150
24	3150	t	+	ei	$IT7 + 0.63D$	ES	-	T	24	3150
0	3150	u	+	ei	$IT7 + D$	ES	-	U	0	3150
14	500	v	+	ei	$IT7 + 1.25D$	ES	-	V	14	500
0	500	x	+	ei	$IT7 + 1.6D$	ES	-	X	0	500
18	500	y	+	ei	$IT7 + 2D$	ES	-	Y	18	500
0	500	z	+	ei	$IT7 + 2.5D$	ES	-	Z	0	500
0	500	za	+	ei	$IT8 + 3.15D$	ES	-	ZA	0	500
0	500	zb	+	ei	$IT9 + 4D$	ES	-	ZB	0	500
0	500	zc	+	ei	$IT10 + 5D$	ES	-	ZC	0	500

注: ①公式中 D 是基本尺寸段的几何平均值,mm;基本偏差的计算结果以 μm 计。

②j、J 在表2.4和表2.5中给出其值。

③公称尺寸至 500mm 轴的基本偏差 k 的计算公式仅适用于标准公差等级 IT4 ~ IT7,对所有其他公称尺寸和所有其他 IT 等级的基本偏差 k = 0;孔的基本偏差 K 的计算公式仅适用于标准公差等级小于或等于 IT8,对所有其他公称尺寸和所有其他 IT 等级的基本偏差 K = 0。

根据图2.10和表2.3分析如下:

a 至 h 基本偏差为上极限偏差(es),A 至 H 基本偏差为下极限偏差(EI),其绝对值正好等于最小间隙的绝对值。其中 a、b、c 和 A、B、C 三种用于大间隙或热动配合，故最小间隙采用与直径成正比的关系计算。d、e、f 和 D、E、F 三种考虑到保证良好的液体摩擦以及表面粗糙度的影响，因而最小间隙略小于直径的平方根关系。g 和 G 配合主要用于滑动、定心或半液体摩擦，间隙要小，故直径的指数更小些。中间插入的 cd、ef、fg 和 CD、EF、FG 三种，则分别按 c 与 d、e 与 f、f 与 g 和 C 与 D、E 与 F、F 与 G 的绝对值的几何平均值来计算。

j、k、m、n 和 J、K、M、N 四种多为过渡配合。其基本偏差分别为下极限偏差(ei）和上极限偏差（ES），计算公式基本上是根据经验与统计方法确定的。

p 至 zc 和 P 至 ZC 为过盈配合，其基本偏差分别为下极限偏差（ei）和上极限偏差（ES），从保证配合的最小过盈来考虑。最小过盈的系数系列符合优先数系，规律性较好，便于应用。

（2）孔、轴基本偏差数值的计算

①轴的基本偏差数值

利用表 2.3 轴的基本偏差计算公式，以尺寸分段的几何平均值代入这些公式计算后，再按尾数修约规则进行修约得表 2.4。在工程中，若已知工件的公称尺寸和基本偏差代号，从表 2.4 中可查出相应的基本偏差数值。例如，公称尺寸为 $\phi50$mm，d 的基本偏差 $es = -80\mu$m，公称尺寸为 $\phi60$mm，s 的基本偏差 $ei = +53\mu$m。

②孔的基本偏差数值

孔的基本偏差数值的求法同轴一样也是利用表 2.3 中给出的公式计算后，对其尾数进行修约得到，如表 2.5 所示。

一般对同一字母的孔的基本偏差与轴的基本偏差相对零线是完全对称的。即孔与轴的基本偏差对应（例如 A 对应 a）时，两者的基本偏差的绝对值相等，而符号相反，即：

$$EI = -es \tag{2.18}$$

或

$$ES = -ei \tag{2.19}$$

对于上述一般规则适用于所有孔的基本偏差，但以下特殊情况例外：

a. 在公称尺寸 $D > 3$ 至 500mm 的基孔制或基轴制配合中，给定某一公差等级的孔要与更精一级的轴相配（例如 H7/p6 和 P7/h6），并要求具有同等的间隙或过盈（图 2.11）。此时，孔的基本偏差应附加一个 Δ 值（表 2.5），即

$$ES = ES(计算值) + \Delta \tag{2.20}$$

$$\Delta = ITn - IT(n-1)$$

式中，Δ 是公称尺寸段内给定的某一标准公差等级 ITn 与更精一级的标准公差等级 $IT(n-1)$ 的差值。

上述的特殊规则适用公称尺寸 $D > 3$mm，标准公差等级 $\leqslant$ IT8 的 K、M、N 和标准公差等级 $\leqslant$ IT7 的 P 至 ZC 孔的基本偏差计算。这是因为在精度较高的标准公差等级中，孔比轴难加工，所以在 GB/T 1800.1—2009 中规定 IT6、IT7、IT8 的孔与 IT5、IT6、IT7 的轴相配，使孔、轴工艺上等价。

b. 公称尺寸 $D > 3 \sim 500$mm，标准公差等级 $>$ IT8 的 N 的基本偏差 $ES = 0$。

表2.4 轴的基本偏差数值（GB/T 1800.1—2020）

单位：mm

基本尺寸/mm 大于	至	基本偏差数值 上极限偏差 es（所有标准公差等级） a	b	c	cd	d	e	ef	f	fg	g	h	js	下极限偏差 ei j（IT5和IT6）	j（IT7）	j（IT8）	k（IT4~IT7）
—	3	-270	-140	-60	-34	-20	-14	-10	-6	-4	-2	0	偏差 = ±ITn/2，式中 n 是标准公差等级值数	-2	-4	-6	0
3	6	-270	-140	-70	-46	-30	-20	-14	-10	-6	-4	0		-2	-4		+1
6	10	-280	-150	-80	-56	-40	-25	-18	-13	-8	-5	0		-2	-5		+1
10	14	-290	-150	-95		-50	-32		-16		-6	0		-3	-6		+1
14	18	-290	-150	-95		-50	-32		-16		-6	0		-3	-6		+1
18	24	-300	-160	-110		-65	-40		-20		-7	0		-4	-8		+2
24	30	-300	-160	-110		-65	-40		-20		-7	0		-4	-8		+2
30	40	-310	-170	-120		-80	-50		-25		-9	0		-5	-10		+2
40	50	-320	-180	-130		-80	-50		-25		-9	0		-5	-10		+2
50	65	-340	-190	-140		-100	-60		-30		-10	0		-7	-12		+2
65	80	-360	-200	-150		-100	-60		-30		-10	0		-7	-12		+2
80	100	-380	-220	-170		-120	-72		-36		-12	0		-9	-15		+3
100	120	-410	-240	-180		-120	-72		-36		-12	0		-9	-15		+3
120	140	-460	-260	-200		-145	-85		-43		-14	0		-11	-18		+3
140	160	-520	-280	-210		-145	-85		-43		-14	0		-11	-18		+3
160	180	-580	-310	-230		-145	-85		-43		-14	0		-11	-18		+3
180	200	-660	-340	-240		-170	-100		-50		-15	0		-13	-21		+4
200	225	-740	-380	-260		-170	-100		-50		-15	0		-13	-21		+4
225	250	-820	-420	-280		-170	-100		-50		-15	0		-13	-21		+4
250	280	-920	-480	-300		-190	-110		-56		-17	0		-16	-26		+4
280	315	-1050	-540	-330		-190	-110		-56		-17	0		-16	-26		+4
315	355	-1200	-600	-360		-210	-125		-62		-18	0		-18	-28		+4
355	400	-1350	-680	-400		-210	-125		-62		-18	0		-18	-28		+4
400	450	-1500	-760	-440		-230	-135		-68		-20	0		-20	-32		+5
450	500	-1650	-840	-480		-230	-135		-68		-20	0		-20	-32		+5

基本偏差数值

下极限偏差 ei

所有标准公差等级

基本尺寸/mm		k (≤IT3, >IT7)	m	n	p	r	s	t	u	v	x	y	z	za	zb	zc
大于	至															
—	3	0	+2	+4	+6	+10	+14		+18		+20		+26	+32	+40	+60
3	6	0	+4	+8	+12	+15	+19		+23		+28		+35	+42	+50	+80
6	10	0	+6	+10	+15	+19	+23		+28		+34		+42	+52	+67	+97
10	14	0	+7	+12	+18	+23	+28		+33		+40		+50	+64	+90	+130
14	18	0	+7	+12	+18	+23	+28		+33	+39	+45		+60	+77	+108	+150
18	24	0	+8	+15	+22	+28	+35		+41	+47	+54	+63	+73	+98	+136	+188
24	30	0	+8	+15	+22	+28	+35	+41	+48	+55	+64	+75	+88	+118	+160	+218
30	40	0	+9	+17	+26	+34	+43	+48	+60	+68	+80	+94	+112	+148	+200	+274
40	50	0	+9	+17	+26	+34	+43	+54	+70	+81	+97	+114	+136	+180	+242	+325
50	65	0	+11	+20	+32	+41	+53	+66	+87	+102	+122	+144	+172	+226	+300	+405
65	80	0	+11	+20	+32	+43	+59	+75	+102	+120	+146	+174	+210	+274	+360	+480
80	100	0	+13	+23	+37	+51	+71	+91	+124	+146	+178	+214	+258	+335	+445	+585
100	120	0	+13	+23	+37	+54	+79	+104	+144	+172	+210	+254	+310	+400	+525	+690
120	140	0	+15	+27	+43	+63	+92	+122	+170	+202	+248	+300	+365	+470	+620	+800
140	160	0	+15	+27	+43	+65	+100	+134	+190	+228	+280	+340	+415	+535	+700	+900
160	180	0	+15	+27	+43	+68	+108	+146	+210	+252	+310	+380	+465	+600	+780	+1000
180	200	0	+17	+31	+50	+77	+122	+166	+236	+284	+350	+425	+520	+670	+880	+1150
200	225	0	+17	+31	+50	+80	+130	+180	+258	+310	+385	+470	+575	+740	+960	+1250
225	250	0	+17	+31	+50	+84	+140	+196	+284	+340	+425	+520	+640	+820	+1050	+1350
250	280	0	+20	+34	+56	+94	+158	+218	+315	+385	+475	+580	+710	+920	+1200	+1550
280	315	0	+20	+34	+56	+98	+170	+240	+350	+425	+525	+650	+790	+1000	+1300	+1700
315	355	0	+21	+37	+62	+108	+190	+268	+390	+475	+590	+730	+900	+1150	+1500	+1900
355	400	0	+21	+37	+62	+114	+208	+294	+435	+530	+660	+820	+1000	+1300	+1650	+2100
400	450	0	+23	+40	+68	+126	+232	+330	+490	+595	+740	+920	+1100	+1450	+1850	+2400
450	500	0	+23	+40	+68	+132	+252	+360	+540	+660	+820	+1000	+1250	+1600	+2100	+2600

注：公称尺寸小于或等于1mm时，不使用基本偏差 a 和 b。

表2.5　孔的基本偏差数值（GB/T 1800.1—2020）

基本尺寸/mm		基本偏差数值																					
		下极限偏差 EI												上极限偏差 ES									
		所有标准公差等级												J			K		M		N		
大于	至	A	B	C	CD	D	E	EF	F	FG	G	H	JS	IT6	IT7	IT8	≤IT8	>IT8	≤IT8	>IT8	≤IT8	>IT8
—	3	+270	+140	+60	+34	+20	+14	+10	+6	+4	+2	0		+2	+4	+6	0	0	−2	−2	−4	−4
3	6	+270	+140	+70	+46	+30	+20	+14	+10	+6	+4	0		+5	+6	+10	−1+Δ		−4+Δ	−4	−8+Δ	0
6	10	+280	+150	+80	+56	+40	+25	+18	+13	+8	+5	0		+5	+8	+12	−1+Δ		−6+Δ	−6	−10+Δ	0
10	14	+290	+150	+95		+50	+32		+16		+6	0		+6	+10	+15	−1+Δ		−7+Δ	−7	−12+Δ	0
14	18	+290	+150	+95		+50	+32		+16		+6	0		+6	+10	+15	−1+Δ		−7+Δ	−7	−12+Δ	0
18	24	+300	+160	+110		+65	+40		+20		+7	0		+8	+12	+20	−2+Δ		−8+Δ	−8	−15+Δ	0
24	30	+300	+160	+110		+65	+40		+20		+7	0		+8	+12	+20	−2+Δ		−8+Δ	−8	−15+Δ	0
30	40	+310	+170	+120		+80	+50		+25		+9	0		+10	+14	+24	−2+Δ		−9+Δ	−9	−17+Δ	0
40	50	+320	+180	+130		+80	+50		+25		+9	0		+10	+14	+24	−2+Δ		−9+Δ	−9	−17+Δ	0
50	65	+340	+190	+140		+100	+60		+30		+10	0		+13	+18	+28	−2+Δ		−11+Δ	−11	−20+Δ	0
65	80	+360	+200	+150		+100	+60		+30		+10	0		+13	+18	+28	−2+Δ		−11+Δ	−11	−20+Δ	0
80	100	+380	+220	+170		+120	+72		+36		+12	0		+16	+22	+34	−3+Δ		−13+Δ	−13	−23+Δ	0
100	120	+410	+240	+180		+120	+72		+36		+12	0		+16	+22	+34	−3+Δ		−13+Δ	−13	−23+Δ	0
120	140	+460	+260	+200		+145	+85		+43		+14	0		+18	+26	+41	−3+Δ		−15+Δ	−15	−27+Δ	0
140	160	+520	+280	+210		+145	+85		+43		+14	0		+18	+26	+41	−3+Δ		−15+Δ	−15	−27+Δ	0
160	180	+580	+310	+230		+145	+85		+43		+14	0		+18	+26	+41	−3+Δ		−15+Δ	−15	−27+Δ	0
180	200	+660	+340	+240		+170	+100		+50		+15	0		+22	+30	+47	−4+Δ		−17+Δ	−17	−31+Δ	0
200	225	+740	+380	+260		+170	+100		+50		+15	0		+22	+30	+47	−4+Δ		−17+Δ	−17	−31+Δ	0
225	250	+820	+420	+280		+170	+100		+50		+15	0		+22	+30	+47	−4+Δ		−17+Δ	−17	−31+Δ	0
250	280	+920	+480	+300		+190	+110		+56		+17	0		+25	+36	+55	−4+Δ		−20+Δ	−20	−34+Δ	0
280	315	+1050	+540	+330		+190	+110		+56		+17	0		+25	+36	+55	−4+Δ		−20+Δ	−20	−34+Δ	0
315	355	+1200	+600	+360		+210	+125		+62		+18	0		+29	+39	+60	−4+Δ		−21+Δ	−21	−37+Δ	0
355	400	+1350	+680	+400		+210	+125		+62		+18	0		+29	+39	+60	−4+Δ		−21+Δ	−21	−37+Δ	0
400	450	+1500	+760	+440		+230	+135		+68		+20	0		+33	+43	+66	−5+Δ		−23+Δ	−23	−40+Δ	0
450	500	+1600	+840	+480		+230	+135		+68		+20	0		+33	+43	+66	−5+Δ		−23+Δ	−23	−40+Δ	0

JS 栏：偏差 $= \pm ITn/2$，式中 n 是标准公差等级值数。

注：公称尺寸小于或等于1mm时，不使用基本偏差 A 和 B。

基本偏差数值

上极限偏差 ES

Δ 值

基本尺寸/mm		基本偏差数值 上极限偏差 ES 标准公差等级大于 IT7												Δ值 标准公差等级					
大于	至	P (≤IT7 / P至ZC)	R	S	T	U	V	X	Y	Z	ZA	ZB	ZC	IT3	IT4	IT5	IT6	IT7	IT8
—	3	−6	−10	−14		−18		−20		−26	−32	−40	−60	0	0	0	0	0	0
3	6	−12	−15	−19		−23		−28		−35	−42	−50	−80	1	1.5	1	3	4	6
6	10	−15	−19	−23		−28		−34		−42	−52	−67	−97	1	1.5	2	3	6	7
10	14	−18	−23	−28		−33		−40		−50	−64	−90	−130	1	2	3	3	7	9
14	18	−18	−23	−28		−33	−39	−45		−60	−77	−108	−150						
18	24	−22	−28	−35		−41	−47	−54	−63	−73	−98	−136	−188	1.5	2	3	4	8	12
24	30	−22	−28	−35	−41	−48	−55	−64	−75	−88	−118	−160	−218						
30	40	−26	−34	−43	−48	−60	−68	−80	−94	−112	−148	−200	−274	1.5	3	4	5	9	14
40	50	−26	−34	−43	−54	−70	−81	−97	−114	−136	−180	−242	−325						
50	65	−32	−41	−53	−66	−87	−102	−122	−144	−172	−226	−300	−405	2	3	5	6	11	16
65	80	−32	−43	−59	−75	−102	−120	−146	−174	−210	−274	−360	−480						
80	100	−37	−51	−71	−91	−124	−146	−178	−214	−258	−335	−445	−585	2	4	5	7	13	19
100	120	−37	−54	−79	−104	−144	−172	−210	−254	−310	−400	−525	−690						
120	140	−43	−63	−92	−122	−170	−202	−248	−300	−365	−470	−620	−800	3	4	6	7	15	23
140	160	−43	−65	−100	−134	−190	−228	−280	−340	−415	−535	−700	−900						
160	180	−43	−68	−108	−146	−210	−252	−310	−380	−465	−600	−780	−1000						
180	200	−50	−77	−122	−166	−236	−284	−350	−425	−520	−670	−880	−1150	3	4	6	9	17	26
200	225	−50	−80	−130	−180	−258	−310	−385	−470	−575	−740	−960	−1250						
225	250	−50	−84	−140	−196	−284	−340	−425	−520	−640	−820	−1050	−1350						
250	280	−56	−94	−158	−218	−315	−385	−475	−580	−710	−920	−1200	−1550	4	4	7	9	20	29
280	315	−56	−98	−170	−240	−350	−425	−525	−650	−790	−1000	−1300	−1700						
315	355	−62	−108	−190	−268	−390	−475	−590	−730	−900	−1150	−1500	−1900	4	5	7	11	21	32
355	400	−62	−114	−208	−294	−435	−530	−660	−820	−1000	−1300	−1650	−2100						
400	450	−68	−126	−232	−330	−490	−595	−740	−920	−1100	−1450	−1850	−2400	5	5	7	13	23	34
450	500	−68	−132	−252	−360	−540	−660	−820	−1000	−1250	−1600	−2100	−2600						

注：在大于 IT7 的基本偏差数值上增加一个 Δ 值。

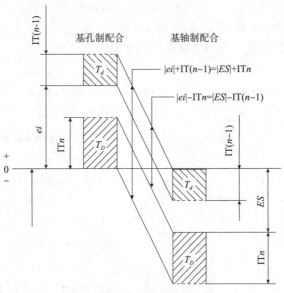

图 2.11　孔的基本偏差换算

2.4.3　公差带与配合的表示及其应用举例

（1）极限与配合的表示

公差带用基本偏差的字母和公差等级数字表示，例如 H7、f6 等。配合用相同公称尺寸与孔、轴公差带表示。孔、轴公差带写成分数形式，分子为孔的公差带，分母为轴的公差带。

①零件图上：注出公差的尺寸用公称尺寸后所要求的公差带或（和）对应的偏差值表示。例如 32 H7、80 js6、$\phi50_0^{+0.039}$、$\phi50$ f7（$^{-0.025}_{-0.050}$）、$\phi50^{-0.025}_{-0.050}$（f7）。

②装配图上：在公称尺寸后面标注配合代号。例如 52 H7/g6 或 52 $\dfrac{\text{H7}}{\text{g6}}$

（2）标准公差和基本偏差数值表应用举例

例 2.8　查表确定 $\phi30$ H8/f7 和 $\phi30$ F8/h7 配合中孔、轴的极限偏差，计算两对配合的极限间隙和绘制尺寸公差带图。

解　①查表确定 $\phi30$ H8/f7 配合中的孔与轴的极限偏差

公称尺寸 $\phi30$ 属于大于 18～30mm 尺寸段，由表 2.2 得 IT7 $= 21\mu m$，IT8 $= 33\mu m$。

对于基准孔 H8 的 $EI = 0$，其 ES 为

$$ES = EI + \text{IT8} = +33\mu m$$

对于 f7，由表 2.4 得 $es = -20\mu m$，其 ei 为

$$ei = es - \text{IT7} = -20 - 21 = -41\mu m$$

由此可得：$\phi30$ H8 $= \phi30_0^{+0.033}$，$\phi30$ f7 $= \phi30^{-0.020}_{-0.041}$。

②查表确定 $\phi30$ F8/h7 配合中孔与轴的极限偏差

对于 F8，由表 3.5 得 $EI = +20\mu m$，其 ES 为

$$ES = EI + \text{IT8} = +20 + 33 = +53\mu m$$

对基准轴 h7 的 $es = 0$，其 ei 为

$$ei = es - \text{IT7} = -21\,\mu m$$

由此可得：$\phi 30\ F8 = \phi 30^{+0.053}_{+0.020}$，$\phi 30\ h7 = \phi 30^{0}_{-0.021}$。

③计算 $\phi 30\ H8/f7$ 和 $\phi 30\ F8/h7$ 配合的极限间隙

对于 $\phi 30\ H8/f7$

$$X_{\max} = ES - ei = +33 - (-41) = +74\,\mu m$$

$$X_{\min} = EI - es = 0 - (-20) = +20\,\mu m$$

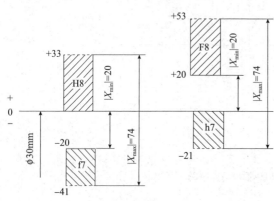

对于 $\phi 30\ F8/h7$

$$X'_{\max} = ES - ei = +53 - (-21) = +74\,\mu m$$

$$X'_{\min} = EI - es = +20 - 0 = +20\,\mu m$$

④绘制尺寸公差带图

用上面计算的极限偏差和极限间隙值绘制的公差带图，如图 2.12 所示。

由上述计算和从图 2.12 中可见，$\phi 30\ H8/f7$ 和 $\phi 30\ F8/h7$ 两对配合的最大间隙和最小间隙均相等，即配合性质相同。

图 2.12 $\phi 30\ H8/f7$ 和 $\phi 30\ F8/h7$ 公差带图

例 2.9 查表确定 $\phi 25\ H7/p6$ 和 $\phi 25\ P7/h6$ 配合中孔、轴的极限偏差，计算两对配合的极限过盈和绘制尺寸公差带图。

解 按例 2.8 的方法查表和计算如下：

对于 $\phi 25\ H7/p6$，孔 $\phi 25\ H7$，$EI = 0$，$ES = +21\,\mu m$；

轴 $\phi 25\ p6$，$ei = +22\,\mu m$，$es = +35\,\mu m$，由此可得

$$\phi 25\ H7 = \phi 25^{+0.021}_{0}，\phi 25\ p6 = \phi 25^{+0.035}_{+0.022}$$

对于 $\phi 25\ P7/h6$，从配合代号和公差等级可以看出，此例属于特殊规则换算。

孔 $\phi 25\ P7$，由表 3.5 得：$ES = -22 + \Delta = -22 + 8 = -14\,\mu m$。

若按照特殊规则计算，也可以得到相同结果，即

$$\Delta = \text{IT7} - \text{IT6} = 21 - 13 = 8\,\mu m$$

$$ES = -ei + \Delta = -22 + 8 = -14\,\mu m$$

其下极限偏差为

$$EI = ES - \text{IT7} = -14 - 21 = -35\,\mu m$$

轴 $\phi 25\ h6$，$es = 0$，$ei = -13\,\mu m$。由此可得

$$\phi 25\ P7 = \phi 25^{-0.014}_{-0.035}，\phi 25\ h6 = \phi 25^{0}_{-0.013}$$

对于 $\phi 25\ H7/p6$ 配合的极银过盈为

$$Y_{\max} = EI - es = 0 - 35 = -35\,\mu m$$

$$Y_{\min} = ES - ei = +21 - 22 = -1\,\mu m$$

对于 $\phi 25\ P7/h6$ 配合的极限过盈为

$$Y'_{\max} = EI - es = -35 - 0 = -35\,\mu m$$

$$Y'_{\min} = ES - ei = -14 - (-13) = -1\,\mu m$$

ϕ25 H7/p6 和 ϕ25 P7/h6 的公差带图如图 2.13 所示。

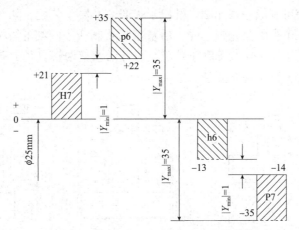

图 2.13　ϕ25 H7/p6 和 ϕ25 P7/h6 公差带图

由上述计算和从图 2.13 中可见，ϕ25 H7/p6 和 ϕ25 P7/h6 两对配合的最大过盈和最小过盈均相等，即配合性质相同。

2.5　尺寸精度设计

尺寸精度设计是机械产品设计中的重要部分，它对机械产品的使用精度、性能和加工成本的影响很大。尺寸精度设计的内容包括配合制、标准公差等级和配合等三方面的选用。

2.5.1　配合制的选用

选用配合制应从结构、工艺和经济效益等方面综合考虑，应遵照下列不同原则进行。

（1）一般情况下应优先选用基孔制配合

在机械制造中，一般优先选用基孔制配合，主要是从工艺上和宏观经济效益来考虑的。用钻头、铰刀等定值刀具加工小尺寸高精度的孔，每一把刀具只能加工某一尺寸的孔，而用同一把车刀或一个砂轮可以加工不同尺寸的轴。因此，改变轴的极限尺寸在工艺上所产生的困难和增加的生产费用，同改变孔的极限尺寸相比要小得多。因此，采用基孔制配合，可以减少定值刀具（钻头、铰刀、拉刀）和定值量具（例如塞规）的规格和数量，可以获得显著的经济效益。

（2）选用基轴制的情况

①在农业机械和纺织机械中，有时采用 IT9 ~ IT11 的冷拉钢材直接做轴（不经切削加工）。此时采用基轴制配合可避免冷拉钢材的尺寸规格过多，而且节省加工费用。

②加工尺寸小于 1mm 的精密轴比同级孔要困难，因此在仪器制造、钟表生产、无线电工程中，常使用经过光轧成型的钢丝直接做轴，这时采用基轴制较经济。

③在同一轴与公称尺寸相同的几个孔相配合，且配合性质不同的情况下，应考虑采用基轴制配合。如图 2.14（a）所示，发动机活塞部件活塞销 1 与活塞 2 及连杆 3 的配合。根

据使用要求，活塞销 1 和活塞 2 应为过渡配合，活塞销 1 与连杆 3 应为间隙配合。如采用基轴制配合，活塞销可制成一根光轴，既便于生产，又便于装配，如图 2.14(b)所示。如采用基孔制配合，三个孔的公差带一样，活塞销却要制成中间细的阶梯形，如图 2.14(c)所示，这样做既不便于加工，又不利于装配。另外活塞销两端直径大于活塞孔径，装配时会刮伤轴和孔的表面，影响配合质量。

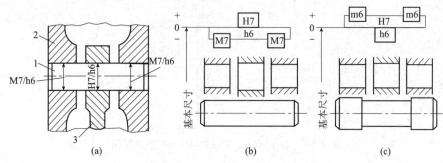

图 2.14　活塞连杆机构

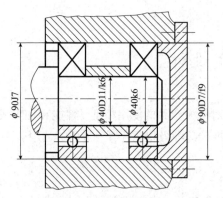

图 2.15　滚动轴承的配合

（3）标准件配合的选择

若与标准件(零件或部件)配合，应以标准件为基准件来选择配合制。例如，滚动轴承内圈与轴的配合应采用基孔制配合，滚动轴承外圈与外壳孔的配合应采用基轴制配合。图 2.15 所示为滚动轴承与轴和外壳孔的配合情况，轴颈应按 $\phi40$ k5 制造，外壳孔应按 $\phi90$ J7 制造。

（4）非配合制的选择

为满足配合的特殊要求，允许采用任一孔、轴公差带组成的配合。例如在图 2.15 中，轴承端盖与外壳孔的配合为 $\phi90$ J7/f9，隔圈孔与轴颈的配合为 $\phi40$ D11/k6，都属于任意孔、轴公差带组成的配合。

2.5.2　公差等级的选用

公差等级的选用是一项重要的，同时又是一项比较困难的工作，因为公差等级的高低直接影响产品使用性能和加工的经济性。公差等级过低，产品质量得不到保证；公差等级过高，将使制造成本增加。所以，必须要考虑矛盾的两方面，正确合理地选用公差等级。

选用公差等级的原则是：在充分满足使用要求的前提下，考虑工艺的可能性，尽量选用精度较低的公差等级。图 2.16 为在一定的工艺条件下，零件加工的相对成本、废品率与公差的关系曲线。由图可见：尺寸精度愈高，加工成本愈增加；高精度时，精度稍微提高，成本和废品率都急剧增加。因此，选用高精度零件公差时，应特别慎重。

选用公差等级时，应从工艺、配合及有关零件、部件或机构等的特点，并参考已被实践证明合理的实例来考虑。表 2.6 为 20 个公差等级的应用范围，表 2.7 为各种加工方法可能达到的公差等级范围，可供选用时参考。

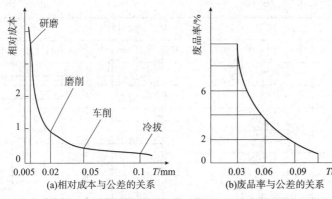

图2.16　零件的相对成本、废品率与公差的关系

表2.6　标准公差等级的应用范围

应用	公差等级（IT）																		
	01	0	1	2	3	4	5	6	7	8	9	10	11	12	13	14	15	16	17	18
块规																				
量规																				
配合尺寸																				
特别精密零件的配合																				
非配合尺寸（大制造公差）																				
原材料公差																				

表2.7　各种加工方法可能达到的标准公差等级

加工方法	公差等级（IT）																
	01	0	1	2	3	4	5	6	7	8	9	10	11	12	13	14	15	16
研磨																	
珩磨																	
圆磨																	
平磨																	
金刚石车																	
金刚石镗																	
拉削																	
绞孔																	
车																	
镗																	
铣																	
刨、插																	
钻孔																	
滚压、挤压																	

续表

加工方法	公差等级(IT)																	
	01	0	1	2	3	4	5	6	7	8	9	10	11	12	13	14	15	16
冲压												──	──	──	──	──		
压铸													──	──	──	──		
粉末冶金成型								──	──	──								
粉末冶金烧结									──	──	──	──						
砂型铸造、气割																──	──	──
锻造															──	──	──	──

如果某些配合有可能根据使用要求确定其间隙或过盈的允许变化范围时，可利用计算式(2.12)~式(2.14)和标准公差数值表2.2确定其公差等级，下面举例说明。

例 2.10 某一公称尺寸为 $\phi95\text{mm}$ 的滑动轴承机构，根据使用要求，其允许的最大间隙为 $[X_{\max}] = +55\mu\text{m}$，最小间隙为 $[X_{\min}] = +10\mu\text{m}$，试确定该轴承机构的轴颈和轴瓦所构成的轴、孔公差等级。

解 (1)计算允许的配合公差 $[T_f]$

由配合公差计算公式(2.12)得

$$[T_f] = \big|\,[X_{\max}] - [X_{\min}]\,\big| = |55 - 10| = 45\mu\text{m}$$

(2)查表确定孔、轴的公差等级

按要求 $[T_f] \geqslant [T_D] + [T_d]$

式中，$[T_D]$、$[T_d]$ 为配合的孔、轴的允许公差。

由表2.2得：$IT5 = 15\mu\text{m}$，$IT6 = 22\mu\text{m}$，$IT7 = 35\mu\text{m}$。

如果孔、轴公差等级都选6级，则配合公差 $T_f = 2IT6 = 44\mu\text{m} < 45\mu\text{m}$，虽然未超过其要求的允许值，但不符合6、7、8级的孔与5、6、7级的轴相配合的规定。

若孔选IT7，轴选IT6，其配合公差为 $T_f = IT6 + IT7 = 22 + 35 = 57 > 45\mu\text{m}$，已超过配合公差的允许值，故不符合配合要求。

因此，最好还是轴选IT5，孔选IT6。其配合公差 $T_f = IT5 + IT6 = 15 + 22 = 37 < 45\mu\text{m}$，虽然距要求的允许值减小了 $8\mu\text{m}$，给加工带来一定的困难，但配合精度有一定的储备，而且选用标准规定的公差等级，选用标准的原材料、刀具和量具，对降低加工成本有利。

2.5.3 配合的选用

配合的选用主要是根据使用要求确定配合类别和配合种类。

(1)配合类别的选用

标准规定有间隙、过渡和过盈三大类配合。在机械精度设计中选用哪类配合，主要决定于使用要求，如孔、轴有相对运动要求时，应选间隙配合。当孔、轴间无相对运动时，应根据具体工作条件不同，可以从三大类配合中选取：若要求传递足够大的扭矩，且又不要求拆卸时，一般应选过盈配合；当需要传递一定的扭矩，但又要求能够拆卸时应选过渡配合；有些配合，对同轴度要求不高，只是为了装配方便，应选间隙较大的间隙配合。后两种情况应该加键，以保证传递扭矩。

（2）配合种类的选用

配合种类的选用就是在确定配合制和公差等级后，根据使用要求确定与基准件配合的轴或孔的基本偏差代号。

①配合种类选用的基本方法

配合种类的选用通常有计算法、试验法和类比法三种。

计算法可用于滑动轴承的间隙配合，它可以根据液体润滑理论来计算允许的最小间隙，从标准中选择适当的配合种类。完全靠过盈来传递负荷的过盈配合，可以根据要传递负荷的大小，按弹塑性变形理论，计算出必需的最小过盈，选择合适的过盈配合；再按此验算最大过盈是否会使工件材料损坏。由于影响配合间隙和过盈的因素很多，理论计算也是近似的，所以，在实际应用时还需经过试验来确定。

试验法用于重要的、关键性配合。如机车车轴与轴轮的配合，就是用试验方法来确定的。一般采用试验法较为可靠，但需进行大量试验，成本较高。

类比法就是以经过生产验证的，且类似的机械、机构和零部件为样板来选用配合种类。类比法是确定机械和仪器配合种类最常用的方法。

②尽量选用常用公差带及优先、常用配合

在选配合时，应考虑尽量采用 GB/T 1800.1—2020 中规定的公差带与配合。因为标准公差系列和基本偏差系列可组成各种大小和位置不同的公差带（轴有 544 种、孔有 543 种公差带），它们又可组成很多不同的配合（近 30 万对）。这么多的公差带和配合若都使用，显然是不经济的。根据一般机械产品的使用需要，考虑零件、定值刀具和量具的规格统一，对孔规定了如图 2.17 所示公称尺寸至 500mm 的常用公差带 45 种，优先选用公差带 13 种（框里）；对轴规定了如图 2.18 所示公称尺寸至 500mm 的常用公差带 50 种，优先选用公差带 17 种（框里）。在孔、轴的公差带中又组成了如表 2.8 所示基孔制配合常用配合 45 种、优先配合 16 种；如表 2.9 所示基轴制常用配合 37 种，优先配合 18 种。

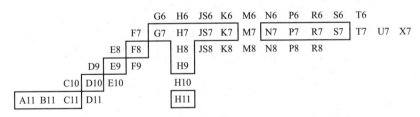

图 2.17　一般和优先孔公差带（GB/T 1800.1—2020）

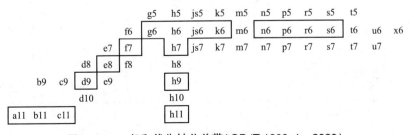

图 2.18　一般和优先轴公差带（GB/T 1800.1—2020）

表2.8　基孔制配合一般和优先配合（GB/T 1800.1—2020）

基准孔	轴																				
	a	b	c	d	e	f	g	h	js	k	m	n	p	r	s	t	u	v	x	y	z
	间隙配合								过渡配合			过盈配合									
H6							H6/g5	H6/h5	H6/js5	H6/k5	H6/m5	H6/n5	H6/p5								
H7						H7/f6	H7/g6	H7/h6	H7/js6	H7/k6	H7/m6	H7/n6	H7/p6	H7/r6	H7/s6	H7/t6	H7/u6		H7/x6		
H8					H8/e7	H8/f7		H8/h7	H8/js7	H8/k7	H8/m7				H8/s7		H8/u7				
				H8/d8	H8/e8	H8/f8		H8/h8													
H9				H9/d8	H9/e8	H9/f8		H9/h8													
H10		H10/b9	H6/c9	H10/d9	H10/e9			H10/h9													
H11		H11/b11	H11/c11	H11/d10				H11/h10													

注：① $\dfrac{H6}{n5}$、$\dfrac{H7}{p6}$ 在公称尺寸小于或等于3mm 和 $\dfrac{H8}{r7}$ 在公称尺寸小于或等于100mm 时，为过渡配合。

② 标注 ▼ 的配合为优先配合。

表2.9　基轴制一般和优先配合（GB/T 1800.1—2020）

基准轴	孔																				
	A	B	C	D	E	F	G	H	JS	K	M	N	P	R	S	T	U	V	X	Y	Z
	间隙配合								过渡配合			过盈配合									
h5							G6/h5	H6/h5	JS6/h5	K6/h5	M6/h5	N6/h5	P6/h5								
h6						F7/h6	G7/h6	H7/h6	JS7/h6	K7/h6	M7/h6	N7/h6	P7/h6	R7/h6	S7/h6	T7/h6	U7/h6		X7/h6		
h7					E8/h7	F8/h7		H8/h7													
h8				D9/h8	E9/h8	F9/h8		H9/h8													
					E8/h9	F8/h9		H8/h9													
h9				D9/h9	E9/h9	F9/h9		H9/h9													
		B11/h9	C10/h9	D10/h9				H10/h9													

注：标注 ▼ 的配合为优先配合。

在 GB/T 1800.1—2020 中，对所有的一般和优先用途公差带的极限偏差数值编制了表格，对基孔制和基轴制优先、常用配合的极限间隙或极限过盈数值编制了表格，供设计时选用。

在机械设计时应该首先采用优先配合，不能满足要求时，再从常用配合中选。还可以依次从优先、常用和一般用途的公差带中，选择孔、轴公差带，组成要求的配合。甚至还可以选用任一孔、轴公差带，组成满足特殊要求的配合。

为了便于在工程设计中应用类比法选用配合，将上述的各种基本偏差应用说明列于表2.10，将基孔制、基轴制的优先配合应用说明列于表2.11 中供参考。

表2.10 各种基本偏差的应用说明

配合	基本偏差	配合特性及应用
间隙配合	a、b (A、B)	可得到特别大的间隙，应用很少
	c (C)	可得到很大的间隙，一般用于缓慢、松弛的可动配合，用于工作条件较差(如农业机械)、受力变形，或为了便于装配而必须保证有较大的间隙。推荐优先配合为H11/c11。较高等级的配合，如H8/c7 适用于轴在高温工作的紧密动配合，例如内燃机排气阀导管配合
	d (D)	一般用于 IT7～IT11。适用于松的传动配合，如密封盖、滑轮空转皮带轮等与轴的配合。也适用于大直径滑动轴配合，例如透平机、球磨机、轧滚成型和重型弯曲机及其他重型机械中的一些滑动支撑配合
	e (E)	多用于 IT7～IT9。通常适用于要求有明显间隙，易于转动的支承用的配合，如大跨距支承、多支点支承等配合。高等级的 e 适用于大的、高速、重载支承，如涡轮发电机、大电动机的支承，也适用于内燃机主要轴承、凸轮轴支承、摇臂支承等配合
	f (F)	多用于 IT6～IT8 的一般转动配合。当温度影响不大时，被广泛用于普通的润滑油(或润滑脂)润滑的支承，如齿轮箱、小电动机、泵等的转轴与滑动支承的配合
	g (G)	多用于 IT5～IT7。配合间隙很小，制造成本高，除很小负荷的精密装置外，不推荐用于转动配合。最适合不回转的精密滑动配合，也用于插销等定位配合。如精密连杆轴承、活塞及滑阀、连杆销等
	h (H)	多用于 IT4～IT11。广泛用于无相对转动的零件，作为一般的定位配合。若没有温度、变形影响，也用于精密滑动配合
过渡配合	js (JS)	为完全对称偏差(±IT/2)，平均起来稍有间隙的配合，多用于 IT4～IT7。要求间隙比 h 轴配合时小，并允许略有过盈的定位配合，如联轴节。要用手或木槌装置
	k (K)	平均起来是没有间隙的配合，适用于 IT4～IT7。推荐用于要求稍有过盈的定位配合，例如为了消除振动用的定位配合。一般用木槌装置
	m (M)	平均起来具有不大过盈的过渡配合，适用于 IT4～IT7。用于精度较高的定位配合。一般可用木槌装配，但在最大过盈时，要求相当的压力
	n (N)	平均过盈比较大的配合，很少得到间隙，适用于 IT4～IT7。用木槌或压力机装配。通常推荐用于紧密的组件配合。H6 和 n5 配合时为过盈配合

配合	基本偏差	配合特性及应用
过盈配合	p （P）	与 H6 或 H7 孔配合时是过盈配合，而与 H8 配合时则为过渡配合。对非铁类零件，为较轻的过盈配合，当需要时易于拆卸。对钢、铸铁或钢部件装配是标准的过盈配合
	r （R）	对铁类零件为中等过盈配合；对非铁类零件为较轻过盈配合，当需要时可以拆卸。与 H8 孔配合直径在 100mm 以上时为过盈配合，直径小时为过渡配合
	s （S）	用于钢和铁质零件的永久性和半永久性装配，可产生相当大的结合力。当用弹性材料，如轻合金时，配合性质与铁类零件的 p 轴相当。例如套环压装在轴上、阀座等配合。尺寸较大时，为避免损伤配合表面，需用热胀冷缩法装配
	t （T）	是过盈量较大的配合，对于钢和铸铁件适于作永久性的结合，不用键可传递扭矩，需用热胀冷缩法装配
	u （U）	这种配合过盈量大，一般应经过验算在最大过盈时工件材料是否会损坏。要用热胀冷缩法装配，例如火车轮毂与轴的配合
	v、x （V、X） y、z （Y、Z）	这些基本偏差所组成的配合过盈量更大，目前使用的经验和资料还很少，须经试验后才应用。一般不推荐采用

表2.11 优先配合应用说明

优先配合		说明
基孔制	基轴制	
$\dfrac{H11}{c11}$		间隙非常大，用于很松的、转动很慢的配合；要求大公差与间隙的外露组件；要求装配方便的、很松的配合
$\dfrac{H9}{d9}$		间隙很大的自由转动配合，用于公差等级不高时，或有大的温度变动、高转速或小的轴颈压力时
$\dfrac{H8}{f8}$	$\dfrac{F8}{h8}$	间隙不大的转动配合，用于中等转速与中等轴颈压力的精确转动；也用于较易装配的中等定位配合
$\dfrac{H7}{g6}$	$\dfrac{G7}{h6}$	间隙很小的滑动配合，用于不希望自由转动，但可以自由移动和滑动并精密定位时；也可用于要求明确的定位配合
$\dfrac{H7}{h6}$ $\dfrac{H9}{h9}$ $\dfrac{H11}{h11}$	$\dfrac{H7}{h6}$ $\dfrac{H8}{h7}$	均为间隙定位配合，零件可自由拆卸，而工作时一般相对静止不动。在最大实体条件下的间隙为零，在最小实体条件下的间隙由标准公差等级决定
$\dfrac{H7}{k6}$	$\dfrac{K7}{h6}$	过渡配合，用于精密定位
$\dfrac{H7}{n6}$	$\dfrac{N7}{h6}$	过渡配合，允许有较大过盈的更紧密定位
$\dfrac{H7}{p6}$	$\dfrac{P7}{h6}$	过盈定位配合，即小过盈配合。用于定位精度特别重要时，能以最好的定位精度达到部件的刚性及对中性要求，而对内孔承受压力无特殊要求，不依靠配合的紧固件传递负荷
$\dfrac{H7}{s6}$	$\dfrac{S7}{h6}$	中等过盈配合。适用于一般钢件；或用于薄壁件的冷缩配合；用于铸铁件可得到最紧的配合
$\dfrac{H7}{u6}$	$\dfrac{U7}{h6}$	过盈配合。适用于可以受高压力的零件或不宜承受大压力的冷缩配合

总之，配合的选择，应先根据使用要求定类别，再按主要条件选出某一种配合，包括选孔、轴的基本偏差代号和公差等级。但是，只按使用要求选择配合种类是不够的，因为工程实践的具体工作情况对配合间隙和过盈有影响，所以，在选择配合时，应根据实际工作情况进行修正，如表2.12所示。

表2.12　按具体情况考虑间隙或过盈的修正

基本工作情况	间隙应增或减	过盈应增或减
材料许用应力小	—	减
经常拆卸	—	减
有冲击负荷	减	增
工作时孔的温度高于轴的温度	减	增
工作时孔的温度低于轴的温度	增	减
配合长度较大	增	减
零件形状误差较大	增	减
装配中可能歪斜	增	减
转速高	增	增
有轴向运动	增	—
润滑油黏度大	增	—
表面粗糙度值大	减	增
装配精度高	减	减

例2.11　一公称尺寸为$\phi 60\text{mm}$的配合，经计算，为保证连接可靠，其最小过盈的绝对值不得小于$20\mu\text{m}$。为保证装配后孔不发生塑性变形，其最大过盈的绝对值不得大于$55\mu\text{m}$。若已决定采用基轴制配合，试确定此配合的孔、轴公差带和配合代号，画出其尺寸公差带图，并指出是否属于优先的或常用的公差带与配合。

解　(1)确定孔、轴公差等级。

由题意可知，此孔、轴结合为过盈配合，其允许的配合公差为

$$[T_f] = |[Y_{max}] - [Y_{min}]| = |-20 - (-55)| = 35\mu\text{m}$$

按例2.10的方法确定孔的公差等级为6级，轴的公差等级为5级，即

$$T_D = \text{IT6} = 19\mu\text{m}, \quad T_d = \text{IT5} = 13\mu\text{m}$$

(2)确定孔、轴公差带。

因采用基轴制配合，故轴为基准轴，其公差带代号为$\phi 60\ \text{h5}$，$es = 0$，$ei = -13\mu\text{m}$。

因选用基轴制过盈配合，所以孔的基本偏差代号可从$P \sim ZC$中选取，其基本偏差为上极限偏差ES，若选出的孔的上极限偏差ES能满足配合要求，则应符合下列三个条件，即

$$Y_{min} = ES - ei \leqslant [Y_{min}] \tag{1}$$

$$Y_{max} = EI - es \geqslant [Y_{max}] \tag{2}$$

$$ES - EI = \text{IT6} \tag{3}$$

解上面三式得出的要求为

$$ES \leqslant [Y_{min}] + ei \tag{4}$$

$$ES \geqslant es + \text{IT6} + [Y_{max}] \tag{5}$$

将已知的es、ei、IT6、$[Y_{max}]$和$[Y_{min}]$数值代入式(4)、式(5)得

$$ES \leqslant -20 + (-13) = -33\mu m$$

$$ES \geqslant 0 + 19 + (-55) = -36\mu m$$

$$-36\mu m \leqslant ES \leqslant -33\mu m$$

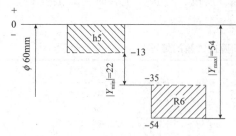

图 2.19 $\phi60$ R6/h5 尺寸公差带图

按公称尺寸 $\phi60$ 和 $-36\mu m \leqslant ES \leqslant -33\mu m$ 的要求查表 2.5，得孔的基本偏差代号为 R，公差带代号为 $\phi60$ R6，其 $ES = -35\mu m$，$EI = ES - T_D = -54\mu m$。

(3)确定配合代号为 $\phi60$ R6/h5。

(4)$\phi60$ R6/h5 的孔、轴尺寸公差带图见图 2.19。

(5)由图 2.17 和图 2.18 可见，孔的公差带 $\phi60$ R6 和轴的公差带 $\phi60$ h5 都为常用公差带。

由表 2.9 所见，$\phi60$ R6/h5 配合为常用配合。

2.5.4 线性尺寸的未注公差

线性尺寸的未注公差(一般公差)系指在车间普通工艺条件下，机床设备一般加工能力可达到的公差(在正常维护和操作情况下，它代表车间一般加工精度)。它主要用于精度较低的非配合尺寸和功能上允许的公差等于或大于一般公差的尺寸。按 GB/T 1804—2000 的规定，采用一般公差的线性尺寸后不单独注出极限偏差，但是，当要素的功能要求比一般公差更小的公差，或允许更大的公差，而该公差更为经济时，应在尺寸后直接注出极限偏差。

(1)图样上采用未注公差的原因

①简化制图，使图样清晰易读。

②节省图样设计时间。设计人员只要熟悉一般公差的规定并加以应用，可不必详细计算其公差值。

③明确了哪些要素可由一般工艺水平保证，可简化对这些要素的检验要求而有助于质量管理。

④突出了图样上注出公差的尺寸。这些要素大多是重要且需要控制的，以便在加工和检验时引起重视，并利于生产上的安排及检验要求的分析。

⑤由于明确了图样上尺寸的一般公差要求，便于供需双方达成加工和销售合同协议，交货时也可避免不必要的争议。

(2)线性尺寸的未注公差的公差等级和极限偏差

①未注公差的公差等级：按照 GB/T 1804—2000《未注公差的公差标准》规定一般公差分 f、m、c 和 v 四个公差等级，分别表示精密级、中等级、粗糙级和最粗级。

②线性尺寸未注公差的极限偏差：线性尺寸未注公差的极限偏差数值列于表 2.13；倒圆半径和倒角高度的极限偏差数值列于表 2.14。

由表 2.13 和表 2.14 可见，线性尺寸的极限偏差取值，不论孔、轴还是长度，一律取对称分布。这样规定，除了与国际标准(ISO)和各国标准一致外，较单向偏差还有以下优点：对于非配合尺寸，其公称尺寸一般是设计要求的尺寸，所以，以公称尺寸为分布中心是合理的；从尺寸链分析，对称的极限偏差可以减小封闭环的累积偏差；从标注来看，比用单向偏差方便、简单；另外，还可以避免对孔、轴尺寸的理解不一致而带来的不必要的纠纷。

表2.13　线性尺寸的极限偏差数值(GB/T 1804—2000)　　　　　　　　mm

公差等级	尺寸分段							
	0.5 ~ 3	>3 ~ 6	>6 ~ 30	>30 ~ 120	>120 ~ 400	>400 ~ 1000	>1000 ~ 2000	>2000 ~ 4000
f(精密级)	±0.05	±0.05	±0.1	±0.15	±0.2	±0.3	±0.5	—
m(中等级)	±0.1	±0.1	±0.2	±0.3	±0.5	±0.8	±1.2	±2
c(粗糙级)	±0.2	±0.3	±0.5	±0.8	±1.2	±2	±3	±4
v(最粗级)	—	±0.5	±1	±1.5	±2.5	±4	±6	±8

表2.14　倒圆半径和倒角高度的极限偏差数值(GB/T 1804—2000)　　　　mm

公差等级	尺寸分段			
	0.5 ~ 3	>3 ~ 6	>6 ~ 30	>30
f(精密级)	±0.2	±0.5	±1	±2
m(中等级)				
c(粗糙级)	±0.4	±1	±2	±4
v(最粗级)				

注：倒圆半径与倒角高度的含义参见 GB/T 6403.4—2008《零件倒圆与倒角》。

（3）一般公差的图样表示法

一般公差在图样上只标注公称尺寸，不注极限偏差，但应在图样标题栏附近或技术要求、技术文件(如企业标准)中注出标准号及公差等级代号。例如选取中等级时，标注为

GB/T 1804 - m

例2.11　试查表确定图2.20零件图中线性尺寸的未注公差极限偏差数值。

解　由图2.20可见，该零件图中未注公差线性尺寸有$\phi225$、$\phi200$、$\phi120$、70、61、$5 \times 45°$和 $R3$七个尺寸。其中前五个为线性尺寸，后两个分别为倒角高度和倒圆半径，以上尺寸的公差等级，由图中技术要求可知为 f 级，即精密级。

根据公称尺寸和 f 查表2.13得前五个线性尺寸的极限偏差分别为：$\phi225 \pm 0.2$、$\phi200 \pm 0.2$、$\phi120 \pm 0.15$、70 ± 0.15、61 ± 0.15。根据倒角(高度5mm)和倒圆(半径3mm)尺寸和 f 查表2.14得(5 ± 0.5) $\times 45°$和 $R3 \pm 0.2$。

对于一般公差的线性尺寸是在正常车间精度保

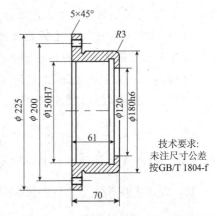

图2.20　线性尺寸未注公差的标注

证的情况下加工出来的，所以一般可以不检验。若生产方和使用方有争议时，应以上述查得的极限偏差作为判据来判断其合格性。

习题二

1. 什么是标准公差？国家标准规定了多少个标准公差等级？

2. 什么是基本偏差？为什么要规定基本偏差？轴和孔的基本偏差是如何确定的？

3. 什么是配合制？为什么要规定配合制？在什么情况下采用基轴制配合？

4. 选用标准公差等级的原则是什么？是否公差等级愈高愈好？

5. 如何选用配合类别？确定配合的非基准件的基本偏差有哪些方法？

6. 为什么要规定优先、常用和一般孔、轴公差带以及优先、常用配合？设计时是否一定要从中选取？

7. 什么叫一般公差？未注公差的线性尺寸规定几个公差等级？在图样上如何表示？

8. 设某配合的孔径为 $\phi15_{0}^{+0.027}$，轴径为 $\phi15_{-0.034}^{-0.016}$，试分别计算其极限尺寸、极限偏差、尺寸公差、极限间隙(或过盈)、平均间隙(或过盈)和配合公差，画出尺寸公差带图，并说明其配合类别。

9. 设某配合的孔径为 $\phi45_{-0.034}^{+0.005}$，轴径为 $\phi45_{-0.025}^{0}$，试分别计算其极限尺寸、极限偏差、尺寸公差、极限间隙(或过盈)及配合公差，画出其尺寸公差带图，并说明其配合类别。

10. 若已知某孔轴配合的公称尺寸为 $\phi30\text{mm}$，最大间隙 $X_{max} = +23\mu\text{m}$，最大过盈 $Y_{max} = -10\mu\text{m}$，孔的尺寸公差 $T_D = 20\mu\text{m}$，轴的上极限偏差 $es = 0$，试画出其尺寸公差带图。

11. 某一配合的配合公差 $T_f = 0.050\text{mm}$，最大间隙 $X_{max} = +0.030\text{mm}$，问该配合属于什么配合类别？

12. 已知两根轴，其中 $d_1 = \phi5\text{mm}$，其公差值 $T_{d_1} = 5\mu\text{m}$，$d_2 = 180\text{mm}$，其公差值 $T_{d_2} = 25\mu\text{m}$。试比较以上两根轴加工的难易程度。

13. 试用标准公差、基本偏差数值表查出下列公差带的上、下极限偏差数值，并写出在零件图中采用极限偏差的标注形式。

(1)轴：①$\phi32$ d8，②$\phi70$ h11，③$\phi28$ k7，④$\phi80$ p6，⑤$\phi120$ v7。

(2)孔：①$\phi40$ C8，②$\phi300$ M6，③$\phi30$ JS6，④$\phi6$ J6，⑤$\phi35$ P8。

14. 已知 $\phi50\dfrac{\text{H6}}{\text{r5}}\left(_{0}^{+0.016}/_{+0.024}^{+0.045}\right)$，$\phi50\dfrac{\text{H8}}{\text{e7}}\left(_{0}^{+0.039}/_{-0.075}^{-0.050}\right)$。试不用查表法确定其配合公差，IT5、IT6、IT7、IT8 的标准公差值和 $\phi50$ e5、$\phi50$ E8 的极限偏差。

15. 已知 $\phi30$ N7$\left(_{-0.028}^{-0.007}\right)$ 和 $\phi30$ t6$\left(_{+0.041}^{+0.054}\right)$，试不用查表法计算 $\phi30\dfrac{\text{H7}}{\text{n6}}$ 与 $\phi30\dfrac{\text{T7}}{\text{h6}}$ 的配合公差，并画出尺寸公差带图。

16. 已知配合 40 H8/f7，孔的公差为 0.039mm，轴的公差为 0.025mm，最大间隙

$X_{max} = +0.089$mm。试求：

(1)配合的最小间隙 X_{min}、孔与轴的极限尺寸、配合公差，并画出尺寸公差带图。

(2)40 JS7、40 H7、40 F7、40 H12 的极限偏差(不要查有关表格)。

17. 试查标准公差和基本偏差数值表确定下列孔、轴公差带代号。

①轴 $\phi 40^{+0.033}_{+0.017}$；②轴 $\phi 18^{+0.046}_{+0.028}$；③孔 $\phi 65^{-0.03}_{-0.06}$；④孔 $\phi 240^{+0.285}_{+0.170}$。

18. 设孔、轴公称尺寸和使用要求如下：

(1) $D(d) = \phi 35$mm，$X_{max} \leq +120 \mu m$，$X_{min} \geq +50 \mu m$；

(2) $D(d) = \phi 40$mm，$Y_{max} \geq -80 \mu m$，$Y_{min} \leq -35 \mu m$；

(3) $D(d) = \phi 60$mm，$X_{max} \leq +50 \mu m$，$Y_{max} \geq -32 \mu m$；

试确定各组的配合制、公差等级及其配合，并画出尺寸公差带图。

19. 试验确定活塞与气缸壁之间在工作时应有 0.04～0.097mm 的间隙量。假设在工作时要求活塞工作温度 $t_d = 150℃$，气缸工作温度 $t_D = 100℃$，装配温度 $t = 20℃$，活塞的线膨胀系数 $\alpha_d = 22 \times 10^{-6}/℃$，气缸的线膨胀系数 $\alpha_D = 12 \times 10^{-6}/℃$，活塞与气缸的公称尺寸为 95mm，试确定常温下装配时的间隙变动范围，并选择适当的配合。

20. 图 2.21 为钻床的钻模夹具简图。夹具由定位套 3、钻模板 1 和钻套 4 组成，安装在工件 5 上。钻头 2 的直径为 10mm。

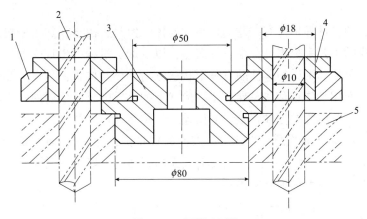

图 2.21　习题 20 图

已知：

(1)钻模板 1 的中心孔与定位套 3 上端的圆柱面的配合①有定心要求，公称尺寸为 50mm。钻模板 1 上圆周均布的四个孔分别与对应四个钻套 4 的外圆柱面的配合②有定心要求，公称尺寸分别为 18mm。配合①②皆采用过盈不大的固定连接。

(2)定位套 3 下端的圆柱面的公称尺寸为 80mm，它与工件 5 的 80mm 定位孔的配合③有定心要求，在安装和取出定位套时需要轴向移动。

(3)钻套 4 的 10mm 导向孔与钻头 2 的配合④有导向要求，且钻头应能在它转动状态下进出该导向孔。

试选择上述四个配合部位的配合种类，并简述其理由。

第3章　几何精度设计

3.1　概述

3.1.1　几何误差的产生及影响

对机械零件几何要素规定合理的形状、方向和位置等精度(简称几何精度)要求，用以限制其形状、方向和位置等误差(简称几何误差)，从而保证零件的装配要求和产品的工作性能。

图样上给出的零件都是没有误差的理想几何体，但是，由于在加工中机床、夹具、刀具和工件所组成的工艺系统本身存在各种误差，以及加工过程中出现受力变形、振动、磨损等各种干扰，致使加工后的零件的实际形状、方向和相互位置，与理想几何体的规定形状，方向和线、面相互位置存在差异，这种形状上的差异就是形状误差，方向上的差异就是方向误差，而相互位置的差异就是位置误差，统称为几何误差。

图3.1(a)为一阶梯轴图样，要求 ϕd_1 表面为理想圆柱面，ϕd_1 轴线应与 ϕd_2 左端面相垂直。图3.1(b)为完工后的实际零件，ϕd_1 表面的圆柱度不好，ϕd_1 轴线与端面也不垂直，前者称为形状误差，后者称为方向误差。

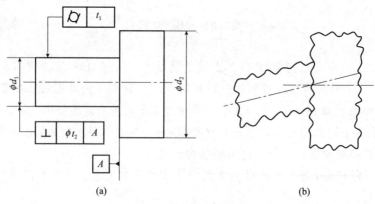

(a)　　　　　　　　　　　　　　(b)

图3.1　零件的几何误差

零件的几何误差对零件使用性能的影响可归纳为以下三个方面：

（1）影响零件的功能要求

例如机床导轨表面的直线度、平面度不好，将影响机床刀架的运动精度。齿轮箱上各轴承孔的位置误差，将影响齿轮传动的齿面接触精度和齿侧间隙。

（2）影响零件的配合性质

例如圆柱结合的间隙配合，圆柱表面的形状误差会使间隙大小分布不均，当配合件有相对转动时，磨损加快，降低零件的工作寿命和运动精度。

（3）影响零件的自由装配性

例如轴承盖上各螺钉孔的位置不正确，在用螺栓将其紧固到机座上时，就有可能影响其自由装配。

总之，零件的几何误差对其工作性能的影响不容忽视，它是衡量机器、仪器产品质量的重要指标。

3.1.2　几何误差的研究对象——几何要素

任何机械零件都是由点、线、面组合而成的，这些构成零件几何特征的点、线、面称为几何要素。图3.2所示的零件就是由多种几何要素组成的。

为了便于研究几何公差和几何误差，要素可以按不同的角度进行分类。

（1）按结构特征分

①组成要素（轮廓要素）

组成要素是指零件的表面或表面上的线。例如图3.2中的球面、圆柱面、圆锥面、平面和素线。

组成要素中按存在的状态又可分为：

a．公称组成要素是指由技术制图或其他方法确定的理论正确组成要素；

b．实际（组成）要素是指由接近实际（组成）要素所限定的工件实际表面（实际存在并将整个工件与周围介质分隔的一组要素）的组成要素部分。

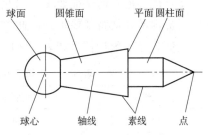

图3.2　零件的几何要素

在评定几何误差时，通常以提取组成要素代替实际（组成）要素。

提取组成要素是指按规定的方法，由实际（组成）要素提取有限数目的点所形成的实际（组成）要素的近似替代。

②导出要素（中心要素）

导出要素是指由一个或几个组成要素得到的中心点、中心线或中心面。图3.2中球心是由组成要素球面得到的导出要素（中心点），轴线是由组成要素圆柱面和圆锥面得到的导出要素（中心线）。

导出要素中按存在状态又可分为：

a．公称导出要素是指由一个或几个公称组成要素导出的中心点、轴线或中心面；

b．提取导出要素是指由一个或几个提取组成要素得到的中心点、中心线或中心面。

（2）按检测关系分

①被测要素

被测要素是指图样上给出了几何公差要求的要素，也就是需要研究和测量的要素。如图 3.1（a）中 ϕd_1 表面及其轴线为被测要素。

被测要素按其功能要求又可分为：

a. 单一要素是指对要素本身提出形状公差要求的被测要素，如图 3.1（a）中 ϕd_1 表面为单一要素；

b. 关联要素是指相对基准要素有方向或（和）位置功能要求而给出方向和位置公差要求的被测要素，如图 3.1（a）中 ϕd_1 轴线为关联要素。

②基准要素

基准要素是指图样上规定用来确定被测要素的方向或位置的要素。理想的基准要素称为基准，如图 3.1（a）中 ϕd_2 的左端面为基准要素。

应当指出，基准要素按本身功能要求可以是单一要素或关联要素。

3.1.3　几何公差特征项目和符号

几何公差的特征项目和符号如表 3.1 所示。

几何公差分形状公差、方向公差、位置公差和跳动公差四种类型。其中形状公差是对单一要素提出的几何特征要求，因此无基准要求；方向公差、位置公差和跳动公差是对关联要素提出的几何特征要求，因此，在大多数情况下都有基准要求。

几何公差的附加符号如表 3.2 所示。

表 3.1　几何公差特征项目及符号（GB/T 1182—2018）

公差类型	几何特征	符号	有无基准
形状公差	直线度	——	无
	平面度	▱	无
	圆度	○	无
	圆柱度	⌀	无
	线轮廓度	⌒	无
	面轮廓度	⌓	无
方向公差	平行度	//	有
	垂直度	⊥	有
	倾斜度	∠	有
	线轮廓度	⌒	有
	面轮廓度	⌓	有

公差类型	几何特征	符号	有无基准
位置公差	位置度	$\bigoplus$	有或无
	同心度 （用于中心点）	$\odot$	有
	同轴度 （用于轴线）	$\odot$	有
	对称度	≡	有
	线轮廓度	⌒	有
	面轮廓度	⌒	有
跳动公差	圆跳动	↗	有
	全跳动	↗↗	有

表 3.2　几何公差标注要求及附加符号（GB/T 1182—2018）

说明	符号	说明	符号
被测要素		任意横截面	ACS
		公共公差带	CZ
		大径	MD
基准要素	A	中径、节径	PD
		小径	LD
		线素	LE
基准目标	$\frac{\phi 2}{A1}$	延伸公差带	ⓟ
		自由状态条件（非刚性零件）	ⓕ
理论正确尺寸	50	包容要求	ⓔ
全周（轮廓）		最大实体要求	Ⓜ
全表面（轮廓）		最小实体要求	Ⓛ
相交平面框格	// B	可逆要求	Ⓡ
定向平面框格	// B	联合要素	UF
方向要素框格	// B	组合平面框格	// B

3.2 几何公差的标注

在技术图样中，几何公差采用符号标注。进行几何公差标注时，应绘制公差框格，注明几何公差数值，并使用表3.1和表3.2中的有关符号。

当采用符号标注很烦琐时，特殊情况也允许在技术要求中用文字说明或列表注明公差项目、被测要素、基准要素和公差值。有些几何公差，如等厚、等径等要求，标注中没有列入，需要时在技术要求中也可用文字说明。

3.2.1 公差框格

公差框格为矩形方框，由两格或多格组成，在图样中只能水平或垂直绘制。框格中的内容从左到右或从下到上按以下次序填写(图3.3)：符号部分；公差带、要素与特征部分，如公差带形状是圆形或圆柱形时则在公差值前加"ϕ"，如是球形时则加"$S\phi$"；基准部分(如需要)，用一个或多个字母表示基准要素或基准体系。若一个以上要素为被测要素，应在框格上方标明数量，如"$6\times$"，"$6\times\phi12\pm0.02$"。

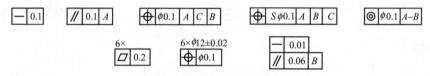

图3.3 公差框格组成及示例

如对同一要素有一个以上的公差特征项目要求，为方便起见，可将一个框格放在另一框格的下面，如图3.3所示。

3.2.2 被测要素的标注

(1)被测要素为组成要素的标注

用带箭头的指引线从框格的任意一侧引出，并且必须垂直该框格，指引线的箭头与被测要素相接。指引线引向被测要素时，可以弯折，一般只弯折一次。

当公差涉及轮廓线或轮廓面时，箭头置于要素的轮廓线或轮廓线的延长线上(但必须与尺寸线明显地错开)，如图3.4(a)(b)所示。箭头也可指向引出线的水平线，引出线引自被测面，如图3.4(c)所示。

(2)被测要素为导出要素的标注

当公差涉及中心线、中心平面或中心点时，箭头应位于相应尺寸线的延长线上，如图3.4(d)(e)(f)所示。

(3)被测要素为为线素的标注

需要指明被测要素的形式(是线而不是面)时，应在公差框格附近用"LE"注明。

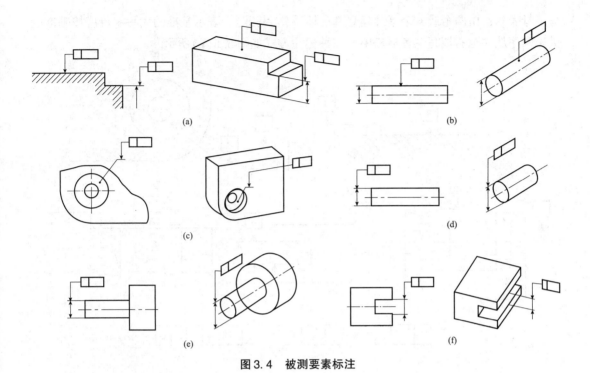

图 3.4　被测要素标注

3.2.3　基准要素的标注

与被测要素相关的基准用一个大写的英文字母表示。字母标注在基准方格内，与一个涂黑的三角形相连接以表示基准，如图3.5(a)所示。为不致引起误解，建议不使用字母 I、O、Q、X。表示基准的字母还应标注在公差框格内。在图样中，无论基准要素的方向如何，基准方格中的字母都应水平书写。

(1)基准要素为组成要素的标注

当基准要素是轮廓线或轮廓面时，则基准三角形放置在要素的轮廓线或其延长线上(但应与尺寸线明显错开)，如图3.5(b)所示。基准三角形也可放置在轮廓面引出线的水平线上，如图3.5(c)所示。

(2)基准要素为导出要素的标注

当基准是尺寸要素确定的轴线、中心平面或中心点时，则基准三角形应放置在该尺寸线的延长线上，如图3.5(d)所示。若没有足够的位置标注基准要素尺寸的两个尺寸箭头，则其中一个尺寸可用基准三角形代替，如图3.5(d)(e)所示。

(3)基准要素为某一要素的局部时的标注

如果只以要素的某一局部作为基准，则应用粗点画线示出该部分并加注尺寸，如图3.5(f)所示。

(4)基准的类型

基准分为单一基准、公共基准和基准体系。单一基准是由单个要素建立的基准，用一个大写字母表示；公共基准是由两个要素建立的一个组合基准，用中间加连字符的两个大写字母表示；由两个或三个基准建立基准体系(多基准)，表示基准的大写字母应按基准的优先顺序从左至右填写在各框格中。三种标注方式如图3.5(g)所示。

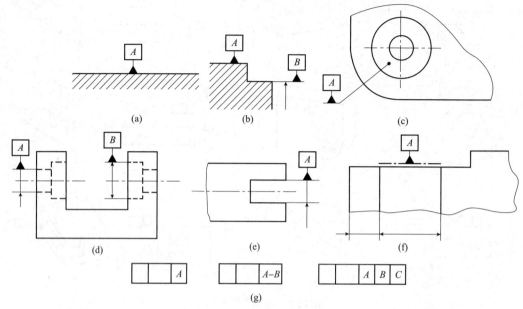

图3.5　基准要素的标注

3.2.4　附加符号的标注

（1）全周符号

如果轮廓度特征适用于横截面的整周轮廓或由该轮廓所示的整周表面时，应采用全周符号表示，如图3.6(a)(b)所示。全周符号并不包括整个工件的所有表面，只包括由轮廓和公差标注所表示的各个表面。

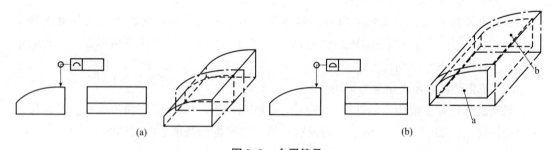

图3.6　全周符号

注：图中长画、短画线表示所涉及的要素，不涉及图中的表面 a 和表面 b。

（2）螺纹、齿轮和花键的标注

以螺纹轴线为被测要素或基准要素时，默认为中径圆柱的轴线，如采用小径轴线则应用"LD"表示，采用大径轴线用"MD"表示，如图3.7(a)(b)所示。

以齿轮、花键轴线为被测要素或基准要素时，需说明所指的要素，如节径轴线用"PD"表示，大径(对外齿轮是顶圆直径，对内齿轮是根圆直径)轴线用"MD"表示，小径

(对外齿轮是根圆直径,对内齿轮为顶圆直径)轴线用"LD"表示。

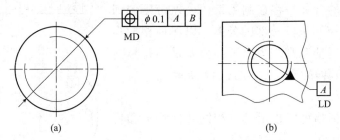

图3.7　螺纹轴线的标注

(3)限定性规定的标注

需要对整个被测要素上任一限定范围标注同样几何特征的公差时,可在公差值的后面加注限定范围的线性尺寸值,并在两者间用斜线隔开,如图3.8(a)所示。如果标注的是两项或多项同样几何特征的公差,可直接在整个要素公差框格的下方放置另一个公差框格,如图3.8(b)所示。

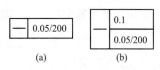

图3.8　框格中限定性规定

如果给出的公差仅适用于要素的某一指定局部,应采用粗点画线示出该局部的范围,并加注尺寸,如图3.9(a)(b)所示。

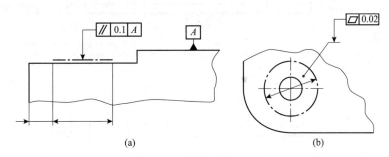

图3.9　图样中局部限定

(4)理论正确尺寸的标注

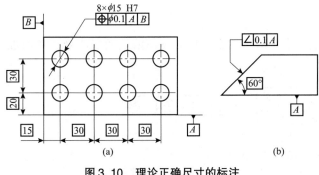

图3.10　理论正确尺寸的标注

当给出一个或一组要素的位置、方向或轮廓度公差时,分别用来确定其理论正确位置、方向或轮廓的尺寸称为理论正确尺寸(TED)。理论正确尺寸也用于确定基准体系中各基准之间的方向、位置关系。理论正确尺寸没有公差,并标注在一个方框内。如图3.10(a)(b)所示。

（5）延伸公差带

延伸公差带的含义是将被测要素的公差带延伸到工件实体之外，控制工件外部的公差，以保证相配零件与该零件配合时能顺利装入。延伸公差带用符号℗表示，并注出其延伸的范围，如图3.11所示。

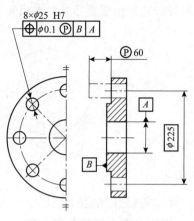

（6）简化标注

用一个公差框格可以表示具有相同几何特征和公差值的若干分离要素，如图3.12(a)所示。

用一个公共公差带可以表示若干个分离要素给出的单一公差带，标注时，应在公差框格内公差值后加注公共公差带符号"CZ"，如图3.12(b)所示。

图3.11　延伸公差带的标注

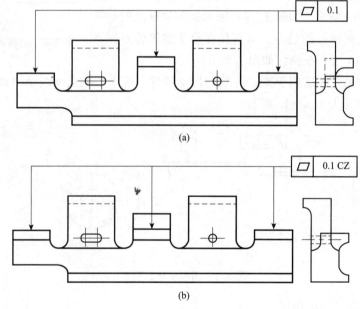

图3.12　简化标注

（7）自由状态的标注

对非刚性零件自由状态下的公差要求，应该用在相应公差值的后面加注规范的附加符号℉的方法表示，如图3.13(a)(b)(c)所示。

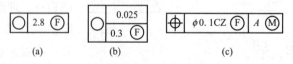

图3.13　自由状态的标注

注：各附加符号℗、Ⓜ、Ⓛ、℉和CZ可同时用于同一个公差框格中。

（8）最大实体要求、最小实体要求和可逆要求的标注

最大实体要求用规范的附加符号Ⓜ表示。此符号可根据需要单独或者同时标注在相应

公差值和(或)基准字母后面,如图3.14(a)(b)(c)所示。

最小实体要求用规范的附加符号Ⓛ表示。此符号可根据需要单独或者同时标注在相应公差值和(或)基准字母后面,如图3.14(d)(e)(f)所示。

可逆要求用规范的附加符号Ⓡ表示。当可逆要求用于最大实体要求时,应在被测要素公差框格中的公差值后面标注双重符号ⓂⓇ,如图3.14(g)所示。当可逆要求用于最小实体要求时,应在被测要素公差框格中的公差值后面标注双重符号ⓁⓇ,如图3.14(h)所示。

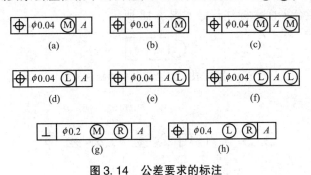

图3.14 公差要求的标注

(9)相交平面、定向平面、方向要素和组合平面的标注

相交平面是用来标识线要素要求的方向,例如在平面上线要素的直线度、线轮廓度、要素的线素的方向。相交平面应使用相交平面框格规定,并且作为公差框格的延伸部分标注在其右侧。如图3.15所示。

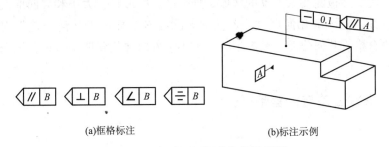

(a)框格标注　　(b)标注示例

图3.15 相交平面框格标注及示例

定向平面既能控制公差带构成平面的方向,又能控制公差带宽度的方向,或能控制圆柱形公差带的轴线方向。仅当要素为回转型(例如圆锥或圆环)、圆柱型或平面型时,才可用于构建定向平面。如图3.16所示。

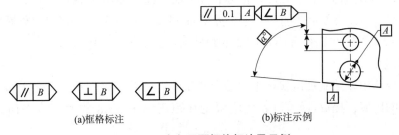

(a)框格标注　　(b)标注示例

图3.16 定向平面框格标注及示例

方向要素用于当被测要素是组成要素且公差带宽度的方向与面要素不垂直时，确定公差带宽度的方向。标注符号如图 3.17 所示。

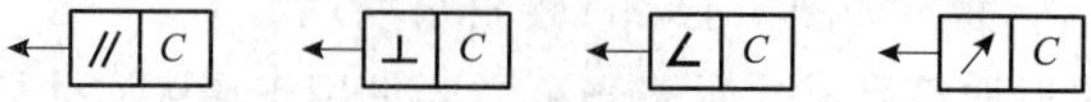

图 3.17　方向要素框格标注

组合平面可标识一个平行平面族，可用来标识"全周"标注所包含的要素，当标注"全周"符号时应使用组合平面。标注符号如图 3.18 所示。

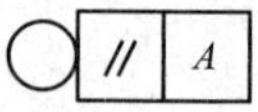

图 3.18　组合平面框格标注

3.3　几何公差与公差带

几何公差是实际被测要素对其理想形状、理想方向和理想位置的允许变动量。即形状公差是指实际单一要素所允许的变动量；方向公差和位置公差是指实际关联要素相对于基准的方向或位置所允许的变动量。

几何公差带是指由一个或几个理想的几何线或面所限定的、由线性公差值表示其大小的区域。它限制实际被测要素变动的区域。这个区域的形状、大小和方向取决于被测要素和设计要求，并以此评定几何误差。若被测实际要素全部位于几何公差带内，则零件合格，反之则不合格。几何公差带具有形状、大小、方向和位置四个特征，该四个特征将在标注中体现出来。

3.3.1　形状公差与公差带

（1）直线度

直线度公差用于限制给定平面内或空间直线的形状误差，公差带有三种形状。①在给定平面内和给定方向上，距离等于公差值 t 的两平行直线之间的区域；在任一平行于图 3.19（a）所示投影面的平面内，上平面的提取（实际）线应限定在距离等于 0.1 的两平直线之间，如图 3.19（a）所示。②为间距等于公差值 t 的两平行平面所限定的区域；提取（实际）的棱边线应限定在距离等于 0.1 的两平行平面之间，如图 3.19（b）所示。③由于公差值前加注了符号 ϕ，公差带为直径等于公差值 ϕt 的圆柱面所限定的区域；外圆柱面的提取（实际）中心线应限定在直径等于 $\phi0.08$ 的圆柱面内，如图 3.19（c）所示。

（2）平面度

平面度公差用以限制被测实际平面的形状误差。公差带为间距等于公差值 t 的两平行平面所限定的区域；提取（实际）表面应限定在距离等于 0.08 的两平行平面之间，如图 3.20 所示。

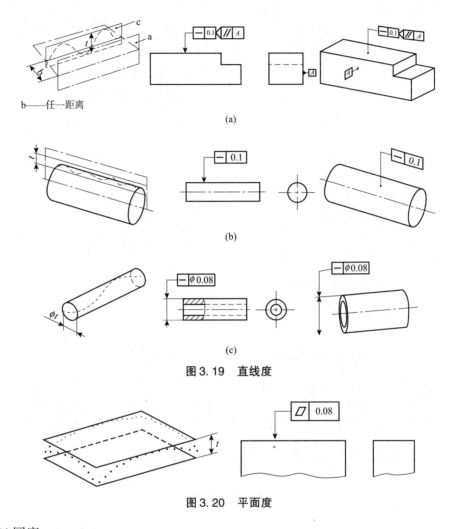

图 3.19 直线度

图 3.20 平面度

（3）圆度

圆度公差用以限制回转表面（如圆柱面、圆锥面、球面等）的径向截面轮廓的形状误差。公差带为在给定横截面内，半径差等于公差值 t 的同心圆所限定的区域，如图 3.21（a）所示。在圆柱面和圆锥面的任意横截面内，提取（实际）圆周应限定在半径差等于 0.03 的两共面同心圆之间，圆柱表面应用省缺方式，圆锥表面使用方向要素框格进行标注，如图 3.21（b）所示。公差带为在给定横截面内，沿表面距离为 t 的两个在圆锥面上的圆所限定区域。提取圆周线位于圆锥表面的任意横截面上，提取（实际）圆周应限定在半径差等于 0.1 的两同心圆之间，这两个圆相交于圆锥上，如图 3.21（c）所示。

（4）圆柱度

圆柱度公差用以限制被测实际圆柱面的形状误差。公差带为半径差等于公差值 t 的两同轴圆柱面所限定的区域。提取（实际）圆柱面应限定在半径差等于 0.1 的两同轴圆柱面之间。如图 3.22 所示。

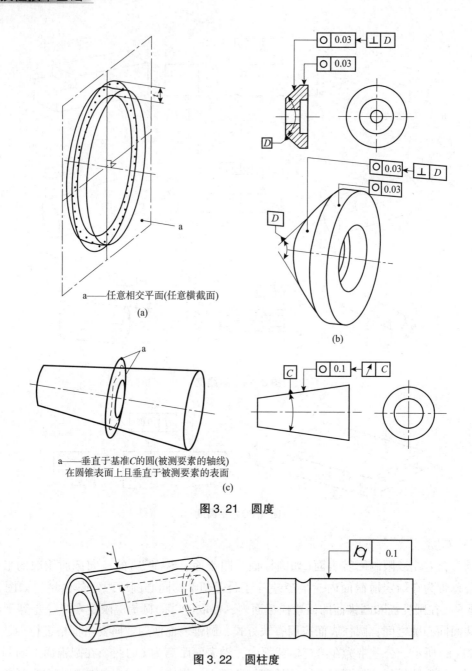

a——任意相交平面(任意横截面)

(a)

(b)

a——垂直于基准C的圆(被测要素的轴线)
在圆锥表面上且垂直于被测要素的表面

(c)

图 3.21　圆度

图 3.22　圆柱度

3.3.2　轮廓度公差与公差带

轮廓度公差分线轮廓度和面轮廓度公差两种几何特征。与基准不相关的轮廓度公差为形状公差，相对于基准体系的轮廓度公差，公差为方向公差或位置公差。

(1)线轮廓度

①与基准不相关的线轮廓度公差

公差带为直径等于公差值 t，圆心位于具有理论正确几何形状上的一系列圆的两包络线所限定的区域。在任一平行于基准平面 A 的截面内，如相交平面框格所规定的，提取（实际）轮廓线应限定在直径等于 0.04，圆心位于被测要素理论正确几何形状上的一系列圆的两包络线之间，可使用 UF 表示组合要素上的三个圆弧部分应组成联合要素，如图 3.23(a)所示。

②相对于基准体系的线轮廓度公差

公差带为直径等于公差值 t，圆心位于由基准平面 A 和基准平面 B 确定的被测要素理论正确几何形状上的一系列圆的两包络线所限定的区域。在任一由相交平面框格规定的平行于基准平面 A 的截面内，提取（实际）轮廓线应限定在直径等于 0.04，圆心位于由基准平面 A 和基准平面 B 确定的被测要素理论正确几何形状上的一系列圆的两等距包络线之间。如图 3.23(b)所示。

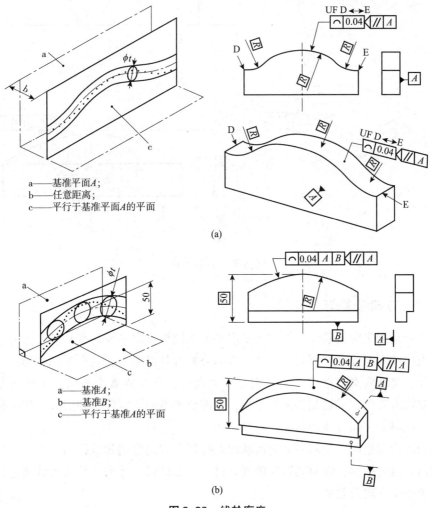

图 3.23　线轮廓度

（2）面轮廓度

①与基准不相关的面轮廓度公差

公差带为直径等于公差值 t，球心位于被测要素理论正确几何形状上的一系列圆球的两包络面所限定的区域。提取(实际)轮廓面应限定在直径等于0.02,球心位于被测要素理论正确几何形状上的一系列圆球的两等距包络面之间。如图3.24(a)所示。

②相对于基准体系的面轮廓度公差

公差带为直径等于公差值t,球心位于由基准平面A确定的被测要素理论正确几何形状上的一系列圆球的两包络面所限定的区域。提取(实际)轮廓面应限定在直径等于0.1,球心位于由基准平面A确定的被测要素理论正确几何形状上的一系列圆球的两等距包络面之间。如图3.24(b)所示。

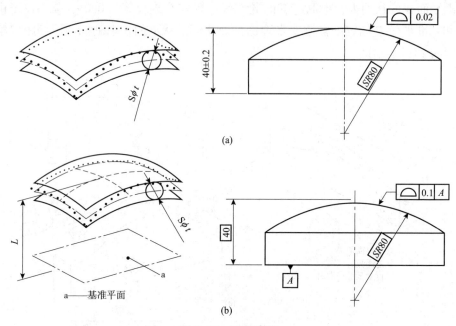

图3.24 面轮廓度

3.3.3 方向公差与公差带

方向公差是指实际关联要素相对于基准要素的理想方向的允许变动量。方向公差有平行度、垂直度和倾斜度等主要几何特征。方向公差有基准要求,它们有四种形式:①被测要素为直线,基准要素为直线;②被测要素为直线,基准要素为平面;③被测要素为平面,基准要素为直线;④被测要素为平面,基准要素为平面。该四种形式工程中分别被称为线对线、线对面、面对线和面对面。

方向公差带能把同一被测要素的形状误差控制在方向公差带范围内。因此,对某一被测要素给出方向公差后,仅对其形状精度有进一步要求时,才另外给出形状公差,但形状公差值必须小于方向公差值。

(1)平行度

①线对基准线平行度公差

若公差值前加注了符号ϕ,公差带为平行于基准轴线、直径等于公差值ϕt的圆柱面所限定的区域。提取(实际)中心线应限定在平行基准轴线A,直径等于$\phi0.03$的圆柱面内。如图 3.25 所示。

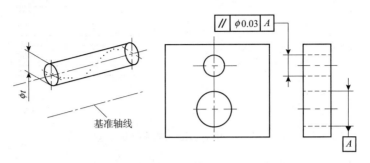

图 3.25　线对基准线的平行度公差

②线对基准面平行度公差

公差带为平行于基准平面、间距等于公差值 t 的两平行平面所限定的区域。提取(实际)中心线应限定在平行于基准平面 B，间距等于 0.01 的两平行平面之间。如图 3.26 所示。

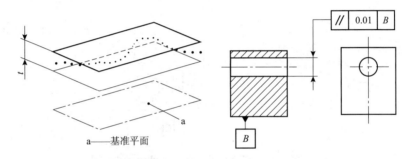

图 3.26　线对基准面的平行度公差

③面对基准线平行度公差

公差带为间距等于公差值 t，平行于基准轴线的两平行平面所限定的区域。提取(实际)表面应限定在间距等于 0.1，平行于基准轴线 C 的两平行平面之间。如图 3.27 所示。

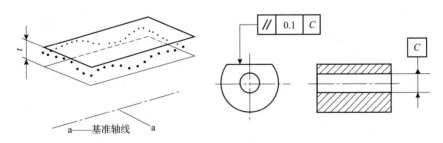

图 3.27　面对基准线的平行度公差

④面对基准面平行度公差

公差带为间距等于公差值 t，平行于基准平面的两平行平面所限定的区域。提取(实际)表面应限定在间距等于 0.01，平行于基准 D 的两平行平面之间。如图 3.28 所示。

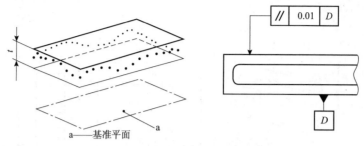

图 3.28 面对基准面的平行度公差

⑤相对于基准体系的中心线平行度公差

如图 3.29 所示，公差带为间距等于公差值 t，平行于两基准且沿规定方向的两平行平面所限定的区域。提取(实际)中心线应限定在间距等于 0.1，平行于基准轴线 A 的两平行平面之间，限定公差带的平面均平行于定向平面框格规定的基准平面 B，基准平面 B 为基准 A 的辅助基准。

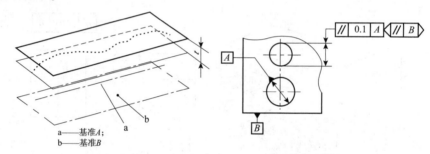

图 3.29 相对于基准体系的中心线平行度公差

如图 3.30 所示，提取(实际)中心线应限定在两对间距分别等于公差值 0.1 和 0.2，且平行于基准轴线 A 的平行平面之间。定向平面框格规定了公差带宽度相对于基准平面 B 的方向，基准 B 为基准 A 的辅助基准。

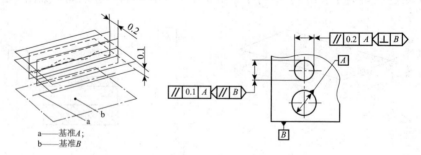

图 3.30 相对于基准体系的中心线平行度公差

(2)垂直度

①线对基准线垂直度公差

公差带为间距等于公差值 t，垂直于基准线的两平行平面所限定的区域。提取(实际)中心线应限定在间距等于 0.06，垂直于基准轴线 A 的两平行平面之间。如图 3.31 所示。

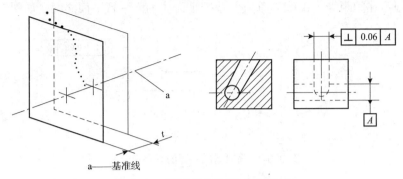

a——基准线

图 3.31 线对基准线的垂直度公差

②线对基准面垂直度公差

若公差值前加注了符号 ϕ，公差带为直径等于公差值 ϕt，轴线垂直于基准平面的圆柱面所限定的区域。圆柱面的提取(实际)中心线应限定在直径等于 $\phi 0.01$，垂直于基准平面 A 的圆柱面内。如图 3.32 所示。

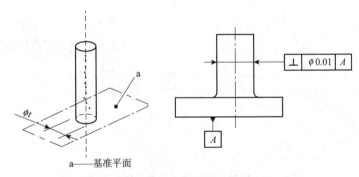

a——基准平面

图 3.32 线对基准面的垂直度公差

③面对基准线垂直度公差

公差带为间距等于公差值 t，垂直于基准轴线的两平行平面所限定的区域。提取(实际)表面应限定在间距等于 0.08 的两平行平面之间，该两平行平面垂直于基准轴线 A。如图 3.33 所示。

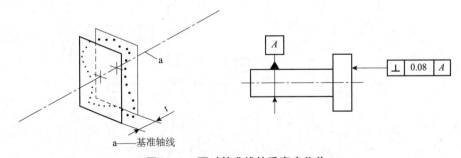

a——基准轴线

图 3.33 面对基准线的垂直度公差

④面对基准面垂直度公差

公差带为间距等于公差值 t，垂直于基准平面的两平行平面所限定的区域。提取(实际)表面应限定在间距等于 0.08，垂直于基准平面 A 的两平行平面之间。如图 3.34 所示。

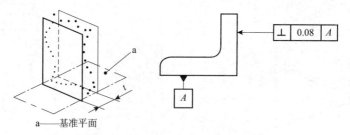

图 3.34　面对基准平面的垂直度公差

⑤相对于基准体系的中心线垂直度公差

如图 3.35 所示，公差带为间距等于公差值 t 的两平行平面所限定的区域，该两平行平面垂直于基准平面 A，且平行于辅助基准 B。圆柱面的提取(实际)中心线应限定在间距等于 0.1 的两平行平面之间，该两平行平面垂直于基准平面 A，且方向由基准平面 B 规定，基准 B 为基准 A 的辅助基准。

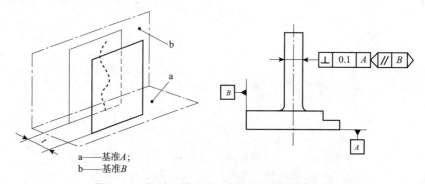

图 3.35　相对于基准体系的中心线垂直度公差

如图 3.36 所示，圆柱的提取(实际)中心线应限定在间距分别等于 0.1 和 0.2，且垂直于基准平面 A 的两组平行平面之间，公差带的方向使用定向平面框格，由基准平面 B 规定。

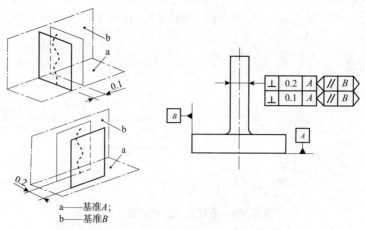

图 3.36　相对于基准体系的中心线垂直度公差

（3）倾斜度

①线对基准线倾斜度公差

被测线与基准线在同一平面上时，公差带为间距等于公差值 t 的两平行平面所限定的区域，该两平行平面按给定角度倾斜于基准轴线。提取（实际）中心线应限定在间距等于 0.08 的两平行平面之间，该两平行平面按理论正确角度 60°倾斜于公共基准轴线 $A - B$。如图 3.37 所示。

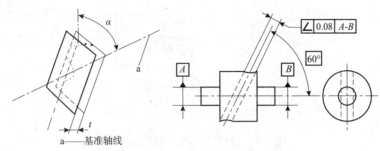

图 3.37　线对基准线的倾斜度公差

被测线与基准线在不同平面内时，公差带为直径等于公差值 ϕt 的圆柱面面所限定的区域，该圆柱面按给定角度倾斜于基准轴线。提取（实际）中心线应限定在直径等于 $\phi 0.08$ 的圆柱面内，该圆柱面按理论正确角度 60°倾斜于公共基准轴线 $A - B$。如图 3.38 所示。

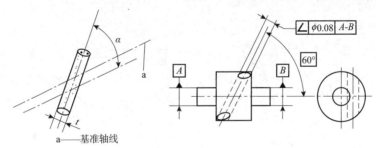

图 3.38　线对基准线的倾斜度公差

②线对基准体系倾斜度公差

公差带为直径等于公差值 ϕt 的圆柱面所限定的区域，该圆柱面公差带的轴线按规定角度倾斜于基准平面 A 且平行于基准平面 B。提取（实际）中心线应限定在直径等于 $\phi 0.1$ 的圆柱面内，该圆柱面的中心线按理论正确角度 60°倾斜于基准平面 A 且平行于基准平面 B。如图 3.39 所示。

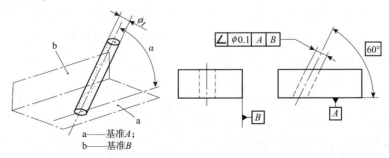

图 3.39　线对基准体系的倾斜度公差

③面对基准线倾斜度公差

公差带为间距等于公差值 t 的两平行平面所限定的区域,该两平行平面按给定角度倾斜于基准直线。提取(实际)表面应限定在间距等于 0.1 的两平行平面之间,该两平行平面按理论正确角度 78°倾斜于基准轴线 A。如图 3.40 所示。

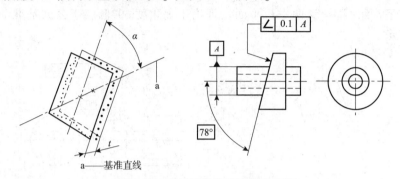

图 3.40　面对基准线的倾斜度公差

④面对基准面倾斜度公差

公差带为间距等于公差值 t 的两平行平面所限定的区域,该两平行平面按给定角度倾斜于基准平面。提取(实际)表面应限定在间距等于 0.08 的两平行平面之间,该两平行平面按理论正确角度 40°倾斜于基准平面 A。如图 3.41 所示。

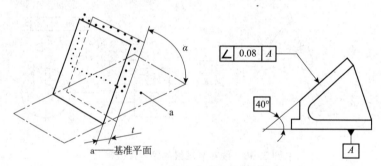

图 3.41　面对基准面的倾斜度公差

3.3.4　位置公差与公差带

位置公差主要有同心度、同轴度、对称度和位置度等几何特征。

位置公差带能把同一被测要素的形状误差和方向误差都控制在位置公差带区域内。因此,对某一被测要素给出位置公差后,一般不再给出形状公差和方向公差。若对形状或方向精度有进一步要求时,才另外给出形状公差或方向公差,并应遵守形状公差值小于方向公差值,方向公差值小于位置公差值的原则。

(1)同心度和同轴度

点的同心度公差是指被测圆心对基准圆心的允许变动量。同心度公差带是指直径为公差值,并与基准圆心同心的圆内的区域,其位置是固定的。

线的同轴度公差是指被测轴线对基准轴线的允许变动量。同轴度公差带是指直径为公差值，并与基准轴线同轴线的圆柱面内的区域，其位置是固定的。

①点的同心度公差

公差值前标注符号 ϕ，公差带为直径等于公差值 ϕt 的圆周所限定的区域，该圆周的圆心与基准点重合。在任意横截面内，内圆的提取(实际)中心应限定在直径等于 $\phi 0.1$，以基准点 A 为圆心的圆周内。如图 3.42 所示。

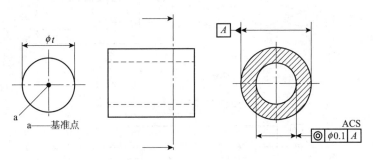

图 3.42　点的同心度公差

②轴线的同轴度公差

公差值前标注符号 ϕ，公差带为直径等于公差值 ϕt 的圆柱面所限定的区域，该圆柱面的轴线与基准轴线重合，如图 3.43(a)所示。公差带的具体含义决定于不同的标注形式。如图 3.43(b)所示，大圆柱面的提取(实际)中心线应限定在直径等于 $\phi 0.08$，以公共基准轴线 $A-B$ 为轴线的圆柱面内。如图 3.43(c)所示，大圆柱面的提取(实际)中心线应限定于直径等于 $\phi 0.1$，以基准轴线 A 为轴线的圆柱面内。如图 3.43(d)所示，大圆柱面的提取(实际)中心线应限定于直径等于 $\phi 0.1$，以垂直于基准平面 A 的基准轴线 B 为轴线的圆柱面内。

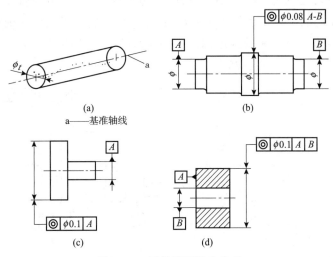

图 3.43　轴线的同轴度公差

(2)对称度

如图 3.44(a)所示，公差带为间距等于公差值 t，对称于基准中心平面的两平行平面所限定的区域。应用于单一基准的情况，如图 3.44(b)所示，提取(实际)中心面应限定在间距等于0.08，对称于基准中心平面 A 的两平行平面之间。应用于公共基准的情况，如图3.44(c)所示，提取(实际)中心面应限定在间距等于0.08，对称于公共基准中心平面 $A-B$ 的两平行平面之间。

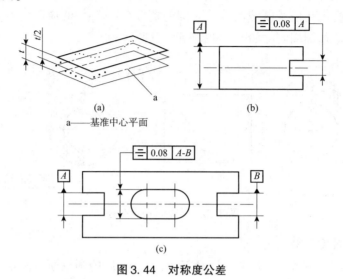

a——基准中心平面

图3.44 对称度公差

（3）位置度

位置度公差是指被测要素的实际位置对其理想位置的允许变动量。位置度公差带是一以理论位置为中心的对称区域，理想位置由基准和理论正确尺寸确定，涉及的要素包括点、线或面。

①点的位置度公差

如图3.45所示，公差值前加注 $S\phi$，公差带为直径等于公差值 $S\phi t$ 的圆球面所限定的区域，该圆球面中心的理论正确位置由基准 A、B、C 和理论正确尺寸确定。提取(实际)球心应限定在直径等于 $S\phi0.3$ 的圆球面内，该圆球面的中心由基准平面 A、基准平面 B、基准平面 C 和理论正确尺寸30、25确定。

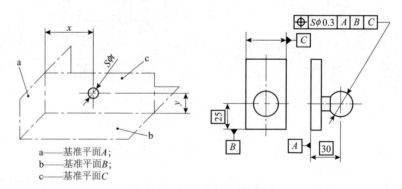

a——基准平面A；
b——基准平面B；
c——基准平面C

图3.45 点的位置度公差

②线的位置度公差

如图3.46所示，给定一个方向的公差时，公差带为间距等于公差值 t，对称于线的理论正确位置的两平行平面所限定的区域。线的理论正确位置由基准平面 A、B 和理论正确尺寸确定。公差只在一个方向上给定。各条刻线的提取(实际)中心线应限定在间距等于 0.1，对称于基准平面 A、B 和理论正确尺寸 25、10 确定的理论正确位置的两平行平面之间。

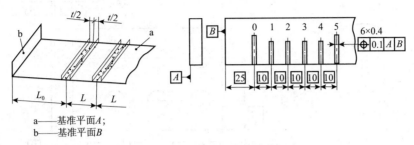

图 3.46 线的位置度公差

③面的位置度公差

公差带为间距等于公差值 t，且对称于被测面理论正确位置的两平行平面所限定的区域，面的理论正确位置由基准平面、基准轴线和理论正确尺寸确定，如图 3.47(a)所示。

轮廓平面的情况，如图 3.47(b)所示，提取(实际)表面应限定在间距等于 0.05，且对称于被测面的理论正确位置的两平行平面之间，该两平行平面对称于由基准平面 A、基准轴线 B 和理论正确尺寸 15、105°确定的被测面的理论正确位置。

中心平面的情况，如图 3.47(c)所示，提取(实际)中心面应限定在间距等于 0.05 的两平行平面之间，该两平行平面对称于由基准轴线 A 和理论正确角度 45°确定的各被测面的理论准确位置。

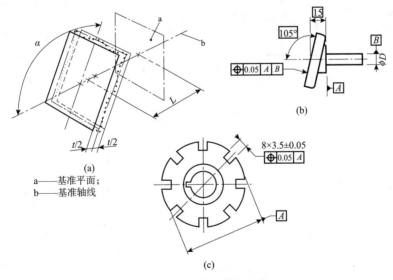

图 3.47 面的位置度公差

④中心线的位置度公差

公差带为直径等于公差值 ϕt 的圆柱面所限定的区域。该圆柱面轴线的位置由相对于

互换性技术基础

基准 C、A、B 的理论正确尺寸确定。各孔的提取(实际)中心线应各自限定在直径等于0.1的圆柱面内。该圆柱面的轴线应处于由基准 C、A、B 与被测孔所确定的理论正确位置。如图 3.48 所示。

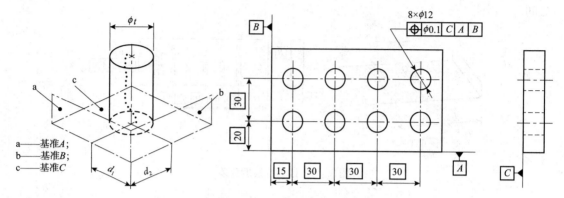

a——基准A;
b——基准B;
c——基准C

图 3.48　中心线位置度公差

如图 3.49 所示，各孔的提取(实际)中心线在给定方向上应各自限定在间距分别等于0.05 及 0.2，且相互垂直的两对平行平面内。每对平行平面的方向由基准体系确定，且对称于基准平面 C、A、B 及被测孔所确定的理论正确位置。

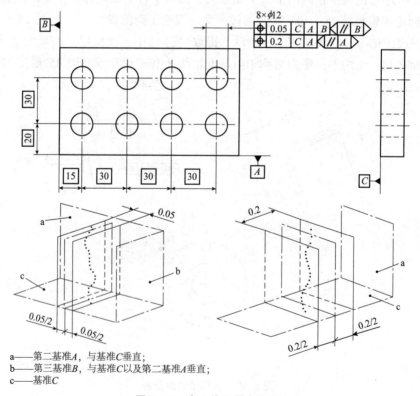

a——第二基准A，与基准C垂直;
b——第三基准B，与基准C以及第二基准A垂直;
c——基准C

图 3.49　中心线位置度公差

3.3.5 跳动公差与公差带

跳动公差是关联实际要素绕基准轴线回转一周或连续回转时所允许的最大跳动量。跳动量可由指示器的最大与最小示值之差反映出来。被测要素为回转表面或端面，基准要素为轴线。跳动公差包括圆跳动公差和全跳动公差。

跳动公差能综合控制同一被测要素的形状、方向和位置误差。例如：径向圆跳动公差带可以同时控制同轴度误差和圆度误差；径向全跳动公差带可以同时控制同轴度误差和圆柱度误差；轴向全跳动公差带可以同时控制端面对基准轴线的垂直度误差和平面度误差。对某一被测要素给出跳动公差后，若不能满足功能要求时，则另行给出形状、方向和位置公差，其公差值应遵守形状公差小于方向公差，方向公差小于位置公差，位置公差小于跳动公差的原则。

（1）圆跳动

圆跳动是指被测实际要素绕基准轴线在无轴向移动的条件下回转一周，由固定的指示表在给定测量方向上测得的最大与最小读数之差。圆跳动公差是以上测量所允许的最大跳动量。圆跳动公差分径向圆跳动公差、轴向圆跳动公差和斜向圆跳动公差。

①径向圆跳动公差

公差带为在任一垂直于基准轴线的横截面内，半径差等于公差值 t，圆心在基准轴线上的两同心圆所限定的区域，如图3.50(a)所示。

应用于单一基准，如图3.50(b)所示。在任一垂直于基准 A 的横截面内，提取(实际)圆应限定在半径差等于0.1，圆心在基准轴线 A 上的两同心圆之间。

应用于基准体系，如图3.50(c)所示。在任一平行于基准平面 B，垂直于基准轴线 A 的截面上，提取(实际)圆应限定在半径差等于0.1，圆心在基准轴线 A 上的两同心圆之间。

应用于公共基准，如图3.50(d)所示。在任一垂直于公共基准轴线 $A-B$ 的横截面内，提取(实际)圆应限定在半径差等于0.1，圆心在基准轴线 $A-B$ 上的两同心圆之间。

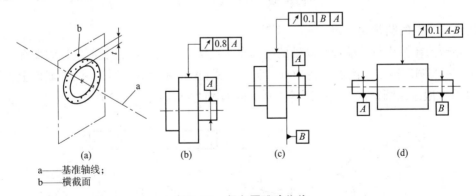

a——基准轴线；
b——横截面

图3.50 径向圆跳动公差

②轴向圆跳动公差

公差带为与基准轴线同轴的任一半径的圆柱截面上，间距等于公差值 t 的两圆所限定的圆柱面区域。在与基准轴线 D 同轴的任一圆柱形截面上，提取(实际)圆应限定在轴向距离等于 0.1 的两个等圆之间。如图 3.51 所示。

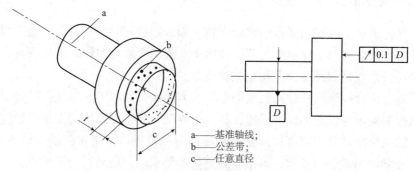

a——基准轴线;
b——公差带;
c——任意直径

图 3.51　轴向圆跳动公差

③斜向圆跳动公差

公差带为与基准轴线同轴的某一圆锥截面上，间距等于公差值 t 的两圆所限定的圆锥面区域。除非另有规定，测量方向应沿被测表面的法向。如图 3.52(a)所示。

应用于圆锥面，如图 3.52(b)所示。在与基准轴线 C 同轴的任一圆锥截面上，提取(实际)线应限定在素线方向间距等于 0.1 的两不等圆之间。

应用于曲面，如图 3.52(c)所示。当标注公差的素线不是直线时，圆锥截面的锥角要随所测圆的实际位置而改变。

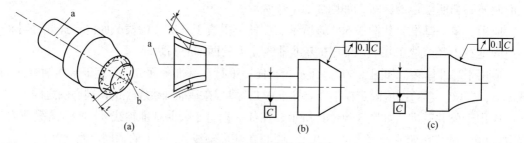

(a)　　　　　　　　　　　(b)　　　　　　　　　　　(c)

图 3.52　斜向圆跳动公差

④给定方向的圆跳动公差

公差带为在轴线与基准轴线同轴的、具有给定锥角的任一圆锥截面上，间距等于公差值 t 的两不等圆所限定的区域。在相对于防线要素(给定角度 α)的任一圆锥截面上，提取(实际)线应限定在圆锥截面内间距等于 0.1 的两圆之间。如图 3.53 所示。

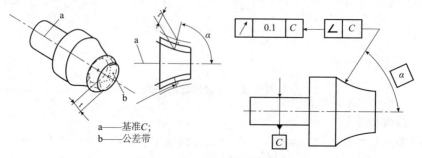

a——基准 C;
b——公差带

图 3.53　给定方向的圆跳动公差

（2）全跳动

全跳动是被测实际要素绕基准轴线做无轴向移动的连续回转，同时指示表做平行或垂直于基准轴线的直线移动时，在整个表面上的最大跳动量。全跳动公差分为径向全跳动公差和轴向全跳动公差。

①径向全跳动公差

公差带为半径差等于公差值 t，与基准轴线同轴的两圆柱面所限定的区域。提取（实际）表面应限定在半径差等于 0.1，与公共基准轴线 $A-B$ 同轴的两圆柱面之间。如图 3.54 所示。

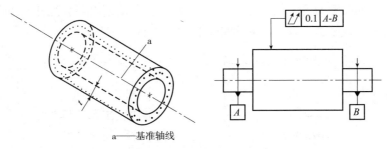

a——基准轴线

图 3.54　径向全跳动公差

②轴向全跳动公差

公差带为间距等于公差值 t，垂直于基准轴线的两平行平面所限定的区域。提取（实际）表面应限定在间距等于 0.1，垂直于基准轴线 D 的两平行平面之间。如图 3.55 所示。

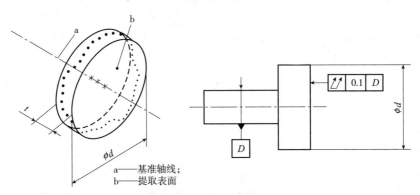

a——基准轴线；
b——提取表面

图 3.55　轴向全跳动公差

3.4　公差原则与公差要求

机械零件的同一被测要素即有尺寸公差要求，又有几何公差要求，处理两者之间关系的原则，称为公差原则。按照几何公差与尺寸公差有无关系，将公差原则分为独立原则和相关要求。

3.4.1 有关公差原则的一些术语和定义

(1)最大内切尺寸(MIS)

最大内切尺寸为采用最大内切准则从提取组成要素中获得拟合组成要素的直接全局尺寸。对于内尺寸要素而言,最大内切尺寸曾被称为"内要素的配合尺寸",即拟合组成要素须内切于提取组成要素,且其尺寸为最大,如图3.56(a)所示。

(2)最小外接尺寸(MCS)

最小外接尺寸为采用最小外接准则从提取组成要素中获得的拟合组成要素的直接全局尺寸。对于外尺寸要素而言,最小外接尺寸曾被称为"外要素的配合尺寸",即拟合组成要素须外接于提取组成要素,且其尺寸为最小,如图3.56(b)所示。

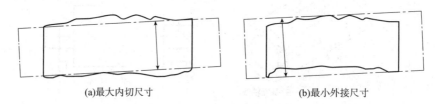

(a)最大内切尺寸　　　　　　　(b)最小外接尺寸

图3.56　相关尺寸

由图3.56可见,有几何误差的外表面(轴)的最大内切尺寸小于其实际尺寸,最小外接尺寸大于其实际尺寸,可用下式表示:

$$d_{mi} = d_a - f_{几何} \tag{3.1}$$

$$d_{mc} = d_a + f_{几何} \tag{3.2}$$

有几何误差的内表面(孔)的最大内切小于其实际尺寸,最小外接尺寸大于其实际尺寸,可用下式表示:

$$D_{mi} = D_a - f_{几何} \tag{3.3}$$

$$D_{mc} = D_a + f_{几何} \tag{3.4}$$

(3)最大实体状态(MMC)和最大实体尺寸(MMS)

最大实体状态(MMC)是当尺寸要素的提取组成要素的局部尺寸处处位于极限尺寸且使其具有材料最多(实体最大)时的状态,例如圆孔最小直径和轴最大直径。确定要素最大实体状态的尺寸称为最大实体尺寸(MMS)。内、外表面(孔、轴)的最大实体尺寸分别用符号 D_M、d_M 表示。

内、外表面(孔、轴)的最大实体尺寸为:

$$D_M = D_{min} \tag{3.5}$$

$$d_M = d_{max} \tag{3.6}$$

(4)最小实体状态(LMC)和最小实体尺寸(LMS)

最小实体状态(LMC)是假定提取组成要素的局部尺寸处处位于极限尺寸且使其具有材料量最少(实体最小)时的状态,例如圆孔最大直径和轴最小直径。确定要素最小实体状态的尺寸称为最小实体尺寸(LMS)。内、外表面(孔、轴)的最小实体尺寸分别用符号 D_L、d_L 表示。

内、外表面(孔、轴)的最小实体尺寸为：

$$D_L = D_{max} \tag{3.7}$$

$$d_L = d_{min} \tag{3.8}$$

(5)最大实体实效状态(MMVC)和最大实体实效尺寸(MMVS)

最大实体实效尺寸(MMVS)指尺寸要素的最大实体尺寸(MMS)和其导出要素的几何公差(形状、方向或位置)共同作用产生的尺寸。最大实体实效状态(MMVC)是指拟合要素的尺寸为其最大实体实效尺寸(MMVS)时的状态。内、外表面(孔、轴)的最大实体实效尺寸分别用符号 D_{MV}、d_{MV} 表示。

内、外表面(孔、轴)的最大实体实效尺寸可用下式计算：

$$D_{MV} = D_M - t_{几何} \tag{3.9}$$

$$d_{MV} = d_M + t_{几何} \tag{3.10}$$

(6)最小实体实效状态(LMVC)和最小实体实效尺寸(LMVS)

最小实体实效尺寸(LMVS)是指尺寸要素的最小实体尺寸(LMS)和其导出要素的几何公差(形状、方向或位置)共同作用产生的尺寸。最小实体实效状态(LMVC)是指拟合要素的尺寸为其最小实体实效尺寸(LMVS)时的状态。内、外表面(孔、轴)的最小实体实效尺寸分别用符号 D_{LV}、d_{LV} 表示。

内、外表面(孔、轴)的最小实体实效尺寸可用下式计算：

$$D_{LV} = D_L + t_{几何} \tag{3.11}$$

$$d_{LV} = d_L - t_{几何} \tag{3.12}$$

(7)边界

边界是指由设计给定的具有理想形状的极限包容面(圆柱面或两平行平面)。单一要素的边界没有方向和位置的约束，关联要素的边界应与基准保持图样上给定的方向或位置关系。该极限包容面的直径或宽度称为边界尺寸(BS)。

根据设计要求，按照边界尺寸分为：最大实体边界(MMB)、最小实体边界(LMB)、最大实体实效边界(MMVB)和最小实体实效边界(LMVB)四种。例如，最大实体边界(MMB)是指具有理想形状且边界尺寸为最大实体尺寸(MMS)的包容面，要素的实际轮廓不得超出 MMB。

例3.1 按图 3.57(a)(b)加工轴、孔零件，测得直径尺寸为 φ16，其轴线的直线度误差为 φ0.02；按图 3.57(c)(d)加工轴、孔零件，测得直径尺寸为 φ16，其轴线的垂直度误差为 φ0.08。试求出四种情况的最大实体尺寸、最小实体尺寸、最大内切尺寸、最小外接尺寸、最大实体实效尺寸和最小实体实效尺寸。

解 (1)按图 3.57(a)加工零件，根据有关公式可计算出：$d_M = d_{max} = 16$；$d_L = d_{min} = 16 + (-0.07) = 15.93$；$d_{mc} = d_a + f_{几何} = 16 + 0.02 = 16.02$；$d_{mi} = d_a - f_{几何} = 16 - 0.02 = 15.98$；

$d_{MV} = d_M + t_{几何} = 16 + 0.04 = 16.04$；$d_{LV} = d_L - t_{几何} = 15.93 - 0.04 = 15.89$。

(2)按图 3.57(b)加工零件，同理可算出：$D_M = D_{min} = 16.05$；$D_L = D_{max} = 16.12$；

$D_{mi} = D_a - f_{几何} = 16 - 0.02 = 15.98$；$D_{mc} = D_a + f_{几何} = 16 + 0.02 = 16.02$；

$D_{MV} = D_M - t_{几何} = 16.05 - 0.04 = 16.01$；$D_{LV} = D_L + t_{几何} = 16.12 + 0.04 = 16.16$。

（3）按图 3.57（c）加工零件，同理可算出：$d_M = 15.95$；$d_L = 15.88$；$d_{mc} = 16.08$；$d_{mi} = 15.92$；$d_{MV} = 16.05.$；$d_{LV} = 15.78$。

（4）按图 3.57（d）加工零件可得：$D_M = 16$；$D_L = 16.07$；$D_{mi} = 15.92$；$D_{mc} = 16.08$；$D_{MV} = 15.9$；$D_{LV} = 16.17$。

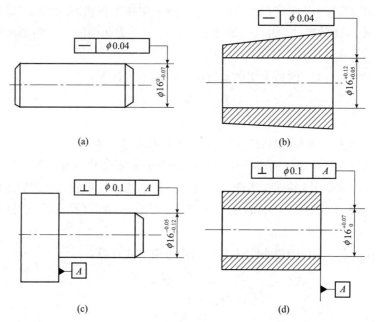

图 3.57　例 3.1 图

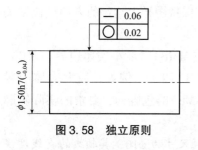

图 3.58　独立原则

3.4.2　独立原则

　　缺省情况下，每个要素的 GPS 规范或要素间关系的 GPS 规范与其他规范之间均相互独立，应分别满足，除非产品的实际规范中规定有其他标准或特殊标注（如 GB/T 16671 中的 Ⓜ 修饰符、GB/T 1182 中的 CZ 和 ISO 14405 - 1 中的 Ⓔ），如图 3.58 所示。

3.4.3　包容要求

　　包容要求表示最小实体尺寸控制两点尺寸，同时最大实体尺寸控制最小外接尺寸或最大内切尺寸。采用包容要求的单一要素，应在其尺寸极限偏差或尺寸公差带代号之后加注符号Ⓔ。

　　用于外尺寸要素的包容要求，下极限尺寸控制两点尺寸，同时上极限尺寸控制最小外接尺寸，如图 3.59 所示。

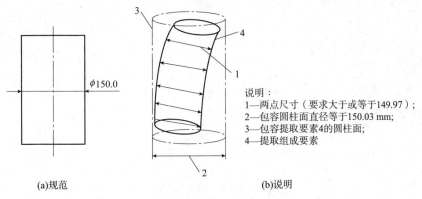

(a)规范　　　　　(b)说明

图3.59　外尺寸要素应用包容要求的示例

用于内尺寸要素的包容要求，上极限尺寸控制两点尺寸，同时下极限尺寸控制最大内切尺寸。如图3.60所示。

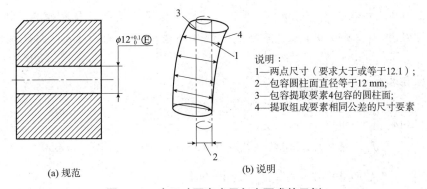

(a) 规范　　　　　(b) 说明

图3.60　内尺寸要素应用包容要求的示例

图3.61(a)所示的轴，不论是其圆柱表面有形状误差[图3.61(b)]，还是其轴线有形状误差[图3.61(c)]，其体外作用尺寸均必须在最大实体边界内(MMB)，该边界的尺寸(BS)为最大实体尺寸 $\phi150$。其局部实际尺寸不得小于最小实体尺寸，为 $\phi149.96$。图3.61(d)为表达上述关系的动态公差图，它表示轴线直线度误差允许值 t 随轴实际尺寸 d_a 变化的规律。

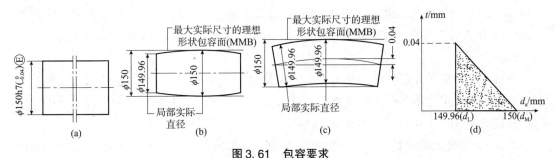

图3.61　包容要求

图样上对轴或孔标注了符号Ⓔ，其合格条件可用下面数学方法表示。

轴的合格判据由式(3.13)或式(3.14)给出：

$$\begin{cases} d_{mc} \leqslant d_M \\ d_a \geqslant d_L \end{cases} \tag{3.13}$$

$$\begin{cases} d_{mc} = d_a + f_{几何} \leqslant d_{max} \\ d_a \geqslant d_{min} \end{cases} \tag{3.14}$$

孔的合格判据由式(3.15)或式(3.16)给出:

$$\begin{cases} D_{mi} \geqslant D_M \\ D_a \leqslant D_L \end{cases} \tag{3.15}$$

$$\begin{cases} D_{mi} = D_a - f_{几何} \geqslant D_{min} \\ D_a \leqslant D_{max} \end{cases} \tag{3.16}$$

包容要求常常用于有配合性质要求的场合,若配合的轴、孔均采用包容要求,则不会因为轴、孔的形状误差影响配合性质。

例3.2 按尺寸 $\phi 50^{0}_{-0.039}$ Ⓔ加工一个轴,图样上该尺寸按包容要求加工,加工后测得该轴的实际尺寸 $d_a = \phi 49.97\text{mm}$,其轴线直线度误差 $f_{几何} = \phi 0.02\text{mm}$,判断该零件是否合格。

解 按包容要求来判断。

依题意可得 $d_{max} = \phi 50\text{mm}$, $d_{min} = \phi 49.961\text{mm}$

由式(3.14)得

$$\begin{cases} d_{mc} = d_a + f_{几何} = \phi 49.97 + \phi 0.02 = \phi 49.99 < d_M = d_{max} = \phi 50 \\ d_a = \phi 49.97 > d_L = d_{min} = \phi 49.961 \end{cases}$$

故该零件合格。

3.4.4 最大实体要求

最大实体要求适用于导出要素有几何公差要求的情况。它是尺寸要素的非理想要素不得违反其最大实体实效状态(MMVC)的一种尺寸要素要求,也是尺寸要素的非理想要素不得超越其最大实体实效边界(MMVB)的一种尺寸要素要求。当其实际尺寸偏离最大实体尺寸时,允许其导出要素的几何误差值超出给出的公差值。最大实体要求既适用于被测要素也适用于基准要素,此时应在图样上标注符号Ⓜ,标注示例如图3.14(a)(b)(c)所示。

当其导出要素的几何误差小于给出的几何公差,又允许其实际尺寸超出最大实体尺寸时,可将可逆要求应用于最大实体要求。此时应在其几何公差框格中最大实体要求的符号Ⓜ后标注符号Ⓡ。标注示例如图3.14(g)所示。

图3.60为最大实体要求应用于被测要素为单一要素的例子。当轴的实际尺寸偏离最大实体状态时,直线度公差可以得到尺寸补偿,偏离多少补偿多少。例如,轴的实际尺寸 $d_a = \phi 19.98$,则此时直线度公差应该定为

$$t = 给定值 + 补偿值 = \phi 0.1 + (\phi 20 - \phi 19.98) = \phi 0.12$$

显然，允许的最大几何公差值为轴的实际尺寸等于最小实体尺寸时，即：

$$t_{max} = 给定值 + 最大补偿值 = \phi0.1 + (\phi20 - \phi19.967) = \phi0.133$$

图 3.62(c) 为轴线直线度误差允许值 t 随轴的实际尺寸 d_a 变化的动态公差图。若可逆要求用于最大实体要求时，其动态公差图为图 3.62(d)。

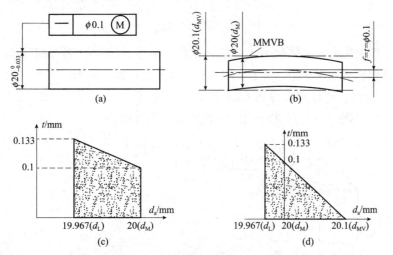

图 3.62 最大实体要求

对轴或孔有最大实体要求时，其合格条件可用下面数学方法表示。

轴的合格判据由式(3.17)或式(3.18)给出：

$$\begin{cases} d_{mc} \leqslant d_{MV} \\ d_L \leqslant d_a \leqslant d_M \end{cases} \qquad (3.17)$$

$$\begin{cases} d_{mc} = d_a + f_{几何} \leqslant d_{MV} = d_{max} + t_{几何} \\ d_L = d_{min} \leqslant d_a \leqslant d_M = d_{max} \end{cases} \qquad (3.18)$$

孔的合格判据由式(3.19)或式(3.20)给出：

$$\begin{cases} D_{mi} \geqslant D_{MV} \\ D_M \leqslant D_a \leqslant D_L \end{cases} \qquad (3.19)$$

$$\begin{cases} D_{mi} = D_a - f_{几何} \geqslant D_{MV} = D_{min} - t_{几何} \\ D_M = D_{min} \leqslant D_a \leqslant D_L = D_{max} \end{cases} \qquad (3.20)$$

对轴或孔既有最大实体要求，又有可逆要求时，其合格判据如下。

轴的合格判据由式(3.21)或式(3.22)给出：

$$\begin{cases} d_{mc} \leqslant d_{MV} \\ d_a \geqslant d_L \end{cases} \qquad (3.21)$$

$$\begin{cases} d_{mc} = d_a + f_{几何} \leqslant d_{MV} = d_{max} + t_{几何} \\ d_a \geqslant d_L = d_{min} \end{cases} \qquad (3.22)$$

孔的合格判据由式(3.23)或式(3.24)给出：

$$
\begin{cases}
D_{\mathrm{mi}} \geqslant D_{\mathrm{MV}} \\
D_{\mathrm{a}} \leqslant D_{\mathrm{L}}
\end{cases}
\tag{3.23}
$$

$$
\begin{cases}
D_{\mathrm{mi}} = D_{\mathrm{a}} - f_{几何} \geqslant D_{\mathrm{MV}} = D_{\min} - t_{几何} \\
D_{\mathrm{a}} \leqslant D_{\mathrm{L}} = D_{\max}
\end{cases}
\tag{3.24}
$$

当被测要素采用最大实体要求，且几何公差为零时，则称为"零几何公差"，它是最大实体要求的特例，如图3.63(a)所示。图3.63(b)为其动态公差图。将 $t_{几何}=0$ 分别代入式(3.21)～式(3.24)，则分别可得到式(3.25)～式(3.28)，其中式(3.25)或式(3.26)可以判断轴是否合格，式(3.27)或式(3.28)可判断孔是否合格。

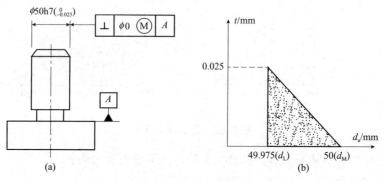

图3.63　零几何公差

$$
\begin{cases}
d_{\mathrm{mc}} \leqslant d_{\mathrm{M}} \\
d_{\mathrm{a}} \geqslant d_{\mathrm{L}}
\end{cases}
\tag{3.25}
$$

$$
\begin{cases}
d_{\mathrm{mc}} = d_{\mathrm{a}} + f_{几何} \leqslant d_{\mathrm{M}} = d_{\max} \\
d_{\mathrm{a}} \geqslant d_{\mathrm{L}} = d_{\min}
\end{cases}
\tag{3.26}
$$

$$
\begin{cases}
D_{\mathrm{mi}} \geqslant D_{\mathrm{M}} \\
D_{\mathrm{a}} \leqslant D_{\mathrm{L}}
\end{cases}
\tag{3.27}
$$

$$
\begin{cases}
D_{\mathrm{mi}} = D_{\mathrm{a}} - f_{几何} \geqslant D_{\mathrm{M}} = D_{\min} \\
D_{\mathrm{a}} \leqslant D_{\mathrm{L}} = D_{\max}
\end{cases}
\tag{3.28}
$$

将式(3.25)～式(3.28)分别与式(3.13)～式(3.16)进行比较，可以发现形式完全一致，只是前者仅适合于被测要素是单一要素，后者适合于被测要素是关联要素。关联要素采用最大实体要求的零几何公差标注时，要求其实际轮廓处处不得超越最大实体边界，且该边界应与基准保持图样上给定的几何关系，要素实际轮廓的局部实际尺寸不得超越最小实体尺寸。

对于只要求可装配性的零件，常常采用最大实体要求，这样可以充分利用图样上给出的公差，当被测要素或基准要素偏离最大实体状态时，几何公差可以得到补偿值，从而提高零件的合格率，故有显著的经济效益。但关联要素采用最大实体要求的零几何公差标注时的适用场合与包容要求相同，且可保证可装配性。

3.4.5　最小实体要求

最小实体要求适用于导出要素有几何公差要求的情况。它是尺寸要素的非理想要素不得违反其最小实体实效状态(LMVC)的一种尺寸要素要求，也是尺寸要素的非理想要素不得超越其最小实体实效边界(LMVB)的一种尺寸要素要求。当其实际尺寸偏离最小实体尺寸时，允许其导出要素几何误差值超出给出的公差值。最小实体要求既适用于被测要素也适用于基准要素，此时应在图样上标注符号Ⓛ，标注示例如图3.14(d)(e)(f)所示。

当其导出要素几何误差小于给出的几何公差，又允许其实际尺寸超出最小实体尺寸时，可将可逆要求应用于最小实体要求。此时应在其几何公差框格中最小实体要求的符号Ⓛ后标注符号Ⓡ，标注示例如图3.14(h)所示。

图3.64(a)为被测要素采用最小实体要求的例子。被测要素的实际尺寸应该在 $\phi 19.8 \sim \phi 20$ 之间。当被测要素的实际尺寸等于最小实体尺寸 $\phi 19.8$ 时，允许有垂直度公差为 $\phi 0.1$，若被测要素实际尺寸 $d_a = \phi 19.9$，此时允许的垂直度公差为

$$t = 给定值 + 补偿值 = \phi 0.1 + (\phi 19.9 - \phi 19.8) = \phi 0.2$$

当被测要素处于最大实体尺寸时，有最大的垂直度公差，即

$$t_{max} = 给定值 + 最大补偿值 = \phi 0.1 + (\phi 20 - \phi 19.8) = \phi 0.3$$

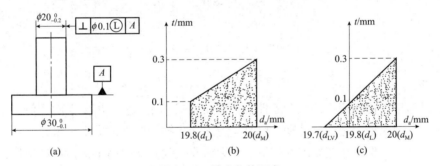

图3.64　最小实体要求

图3.64(b)为表达上述关系的动态公差图。若可逆要求用于最小实体要求时，其动态公差图为图3.64(c)。

对轴或孔有最小实体要求时，其合格条件可用下面数学方法表示。

轴的合格判据由式(3.29)或式(3.30)给出：

$$\begin{cases} d_{mi} \geqslant d_{LV} \\ d_L \leqslant d_a \leqslant d_M \end{cases} \tag{3.29}$$

将有关公式分别代入式(3.29)，则：

$$\begin{cases} d_{mi} = d_a - f_{几何} \geqslant d_{LV} = d_L - t_{几何} \\ d_L = d_{min} \leqslant d_a \leqslant d_M = d_{max} \end{cases} \tag{3.30}$$

轴的合格判据由式(3.31)或式(3.32)给出：

$$\begin{cases} D_{mc} \leqslant D_{LV} \\ D_L \geqslant D_a \geqslant D_M \end{cases} \tag{3.31}$$

将有关公式分别代入式(3.31)，则：

$$\begin{cases} D_{mc} = D_a + f_{几何} \leqslant D_{LV} = D_{max} + t_{几何} \\ D_L = D_{max} \geqslant D_a \geqslant D_M = D_{min} \end{cases} \tag{3.32}$$

对轴或孔既有最小实体要求，又有可逆要求时，其合格判据如下。

轴的合格判据由式(3.33)或式(3.34)给出：

$$\begin{cases} d_{mi} \geqslant d_{LV} \\ d_a \leqslant d_M \end{cases} \tag{3.33}$$

或

$$\begin{cases} d_{mi} = d_a - f_{几何} \geqslant d_{LV} = d_{min} - t_{几何} \\ d_a \leqslant d_M = d_{max} \end{cases} \tag{3.34}$$

孔的合格判据由式(3.35)或式(3.36)给出：

$$\begin{cases} D_{mc} \leqslant D_{LV} \\ D_a \geqslant D_M \end{cases} \tag{3.35}$$

或

$$\begin{cases} D_{mc} = D_a + f_{几何} \leqslant D_{LV} = D_{max} + t_{几何} \\ D_a \geqslant D_M = D_{min} \end{cases} \tag{3.36}$$

对于只靠过盈传递扭矩的配合零件，无论在装配中孔、轴导出要素的几何误差发生了什么变化都必须保证一定的过盈量，此时应考虑孔、轴均应满足最小实体要求。

总而言之，在保证功能要求的前提下，力求最大限度地提高工艺性和经济性，这是正确运用公差原则与公差要求的关键所在。

3.5　几何公差的选用

图样上零件的几何公差要求有两种表示方法：一是用公差框格形式在图样上标注；二是对于那些用一般加工工艺就能达到几何精度要求的要素应按未注公差规定，在图样上不标注几何公差要求。对于注出几何公差，主要需要正确选择几何公差特征项目、基准要素、公差数值和公差原则。

3.5.1　几何公差特征项目的选用

选择几何公差特征项目的依据是零件的工作性能的要求、零件在加工过程中产生几何误差的可能性，以及检验是否方便等。

例如，机床导轨的直线度或平面度的公差要求，是为了保证工作台运动时平稳和较高的运动精度。与滚动轴承内孔相配合的轴颈，规定圆柱度公差和轴肩的轴向圆跳动公差，是为了保证滚动轴承的装配精度和旋转精度，同理，对轴承座也有这两项几何公差要求。对齿轮箱体上的轴承孔规定同轴度公差，是为了控制在对箱体镗孔加工时容易出现的孔的同轴度误差。对轴类零件规定径向圆跳动或全跳动公差，既可以控制零件的圆度或圆柱度误差，又可以控制同轴度误差；规定轴向圆跳动公差可以控制端面对轴线垂直度的误差。这是因为跳动公差检测方便，而且又能较好地控制相应的几何误差项目。诸如此类的例子不胜枚举。设计者只有在充分明确所设计的零件的精度要求、熟悉零件的加工工艺和有一定的检测经验的情况下，才能对零件提出合理、恰当的几何公差特征项目。

3.5.2　公差原则和公差要求的选用

对同一零件上同一要素，既有尺寸公差要求又有几何公差要求时，要确定它们之间的关系，即确定选用何种公差原则或公差要求。

如前所述，当对零件有特殊功能要求时，采用独立原则。例如，对测量用的平板要求其工作面平面度要好，因此提出平面度公差。对检验直线度误差的刀口直尺，要求其刃口直线度公差。独立原则是处理几何公差和尺寸公差关系的基本原则，应用较为普遍。

为了严格保证零件的配合性质，即保证相配合件的极限间隙或极限过盈满足设计要求，对重要的配合常采用包容要求。例如齿轮的内孔与轴的配合，如需严格地保证其配合性质时，则齿轮内孔与轴颈都应采用包容要求。当采用包容要求时，几何误差由尺寸公差来控制，若用尺寸公差控制几何误差仍满足不了要求时，可以在采用包容要求的前提下，对几何公差提出更严格的要求，当然，此时的几何公差值只能占尺寸公差值的一部分。

对于仅需保证零件的可装配性，而为了便于零件的加工制造时，可以采用最大实体要求和可逆要求等。例如，法兰盘上或箱体盖上孔的位置度公差采用最大实体要求，螺钉孔与螺钉之间的间隙可以对孔间位置度公差给以补偿，从而降低了加工成本。

对于要保证最小壁厚不小于某个极限值和表面至理想中心的最大距离不大于某个极限等功能要求时，可选用最小实体要求。

3.5.3　基准要素的选用

在确定被测要素的方向、位置和跳动精度时，必须确定基准要素。基准要素的选择主要根据零件的功能和设计要求，并兼顾基准统一原则和零件结构特征，通常可以从下面几方面来考虑：

①从设计考虑，应根据零件形体的功能要求及要素间的几何关系来选择基准。例如，对于旋转的轴件，常选用与轴承配合的轴颈表面或轴两端的中心孔作为基准。

②从加工工艺考虑，应选择零件加工时在夹具中定位的相应要素作基准。

③从测量考虑，应选择零件在测量、检验时，在计量器具中定位的相应要素为基准。

④从装配关系考虑，应选择零件相互配合、相互接触的表面作基准，以保证零件的正确装配。

比较理想的基准是设计、加工、测量和装配基准选择同一要素，也就是遵守基准统一的原则。

3.5.4　几何公差值的选用

几何公差的国家标准中，将几何公差值分为注出公差和未注公差两类。对于几何公差要求不高，用一般的机械加工方法和加工设备都能保证加工精度，或由线性尺寸公差或角度公差所控制的几何公差已能保证零件的要求时，不必将几何公差在图样上注出，而用未注公差来控制，这样做既可以简化制图，又突出了注出公差的要求。而对于零件几何公差要求较高，或者功能要求允许大于未注公差值，而这个较大的公差值会给工厂带来经济效益时，应采用注出公差值。

（1）几何公差未注公差值的规定

对于线轮廓度、面轮廓度、倾斜度、位置度和全跳动的未注几何公差，均由各要素的注出或未注线性尺寸公差或角度公差控制，对这些项目的未注公差不必做特殊的标注。

圆度的未注公差值等于给出的直径公差值，但不能大于表 3.10 中的圆跳动公差值。

对圆柱度的未注公差值不做规定。圆柱度误差由圆度、直线度和相应线的平行度误差组成，而其中每一项误差均由它们的注出公差或未注公差控制。

对于直线度、平面度、垂直度、对称度和圆跳动的未注公差，标准中规定了 H、K、L 三个公差等级，选用时应在技术要求中注出标准号及公差等级代号，如未注几何公差按 GB/T 1184 – K 标注。

表 3.3 ~ 表 3.6 给出了常用的几何公差未注公差的分级和数值。

表 3.3　直线度、平面度未注公差值（GB/T 1184—1996）　　mm

公差等级	基本长度范围					
	~ 10	>10 ~ 30	>30 ~ 100	>100 ~ 300	>300 ~ 1000	>1000 ~ 3000
H	0.02	0.05	0.1	0.2	0.3	0.4
K	0.05	0.1	0.2	0.4	0.6	0.8
L	0.1	0.2	0.4	0.8	1.2	1.6

表 3.4　垂直度未注公差值（GB/T 1184—1996）　　mm

公差等级	基本长度范围			
	~ 100	>100 ~ 300	>300 ~ 1000	>1000 ~ 3000
H	0.2	0.3	0.4	0.5
K	0.4	0.6	0.8	1
L	0.6	1	1.5	2

表 3.5　对称度未注公差值（GB/T 1184—1996）　　mm

公差等级	基本长度范围			
	~ 100	>100 ~ 300	>300 ~ 1000	>1000 ~ 3000
H	0.5			
K	0.6	0.8	1	
L	0.6	1	1.5	2

表 3. 6 圆跳动未注公差值(GB/T 1184—1996) mm

公差等级	圆跳动公差值
H	0. 1
K	0. 2
L	0. 5

(2)几何公差注出公差值的规定

几何公差的注出公差值如表 3. 7 ~ 表 3. 10 所示。

表 3. 7 直线度、平面度公差值(GB/T 1184—1996) μm

主参数	公差等级											
L/mm	1	2	3	4	5	6	7	8	9	10	11	12
≤10	0. 2	0. 4	0. 8	1. 2	2	3	5	8	12	20	30	60
>10 ~ 16	0. 25	0. 5	1	1. 5	2. 5	4	6	10	15	25	40	80
>16 ~ 25	0. 3	0. 6	1. 2	2	3	5	8	12	20	30	50	100
>25 ~ 40	0. 4	0. 8	1. 5	2. 5	4	6	10	15	25	40	60	120
>40 ~ 63	0. 5	1	2	3	5	8	12	20	30	50	80	150
>63 ~ 100	0. 6	1. 2	2. 5	4	6	10	15	25	40	60	100	200
>100 ~ 160	0. 8	1. 5	3	5	8	12	20	30	50	80	120	250
>160 ~ 250	1	2	4	6	10	15	25	40	60	100	150	300
>250 ~ 400	1. 2	2. 5	5	8	12	20	30	50	80	120	200	400
>400 ~ 630	1. 5	3	6	10	15	25	40	60	100	150	250	500

注：主参数 L 系轴、直线、平面的长度。

表 3. 8 圆度、圆柱度公差值(GB/T 1184—1996) μm

主参数	公差等级												
$d(D)$/mm	0	1	2	3	4	5	6	7	8	9	10	11	12
≤3	0. 1	0. 2	0. 3	0. 5	0. 8	1. 2	2	3	4	6	10	14	25
>3 ~ 6	0. 1	0. 2	0. 4	0. 6	1	1. 5	2. 5	4	5	8	12	18	30
>6 ~ 10	0. 12	0. 25	0. 4	0. 6	1	1. 5	2. 5	4	6	9	15	22	36
>10 ~ 18	0. 15	0. 25	0. 5	0. 8	1. 2	2	3	5	8	11	18	27	43
>18 ~ 30	0. 2	0. 3	0. 6	1	1. 5	2. 5	4	6	9	13	21	33	52
>30 ~ 50	0. 25	0. 4	0. 6	1	1. 5	2. 5	4	7	11	16	25	39	62
>50 ~ 80	0. 3	0. 5	0. 8	1. 2	2	3	5	8	13	19	30	46	74
>80 ~ 120	0. 4	0. 6	1	1. 5	2. 5	4	6	10	15	22	35	54	87
>120 ~ 180	0. 6	1	1. 2	2	3. 5	5	8	12	18	25	40	63	100
>180 ~ 250	0. 8	1. 2	2	3	4. 5	7	10	14	20	29	46	72	115
>250 ~ 315	1. 0	1. 6	2. 5	4	6	8	12	16	23	32	52	81	130
>315 ~ 400	1. 2	2	3	5	7	9	13	18	25	36	57	89	140
>400 ~ 500	1. 5	2. 5	4	6	8	10	15	20	27	40	63	97	155

注：主参数 $d(D)$ 为轴(孔)的直径。

表 3.9　平行度、垂直度、倾斜度公差值(GB/T 1184—1996)　　　μm

主参数 L、d(D)/mm	公差等级											
	1	2	3	4	5	6	7	8	9	10	11	12
≤10	0.4	0.8	1.5	3	5	8	12	20	30	50	80	120
>10 ~16	0.5	1	2	4	6	10	15	25	40	60	100	150
>16 ~25	0.6	1.2	2.5	5	8	12	20	30	50	80	120	200
>25 ~40	0.8	1.5	3	6	10	15	25	40	60	100	150	250
>40 ~63	1	2	4	8	12	20	30	50	80	120	200	300
>63 ~100	1.2	2.5	5	10	15	25	40	60	100	150	250	400
>100 ~160	1.5	3	6	12	20	30	50	80	120	200	300	500
>160 ~250	2	4	8	15	25	40	60	100	150	250	400	600
>250 ~400	2.5	5	10	20	30	50	80	120	200	300	500	800
>400 ~630	3	6	12	25	40	60	100	150	250	400	600	1000

注：①主参数 L 为给定平行度时轴线或平面的长度，或给定垂直度、倾斜度时被测要素的长度。
　　②主参数 d(D) 为给定面对线垂直度时，被测要素的轴(孔)直径。

表 3.10　同轴度、对称度、圆跳动、全跳动公差值(GB/T 1184—1996)　　μm

主参数 d(D)、B、L/mm	公差等级											
	1	2	3	4	5	6	7	8	9	10	11	12
≤1	0.4	0.6	1.0	1.5	2.5	4	6	10	15	25	40	60
>1 ~3	0.4	0.6	1.0	1.5	2.5	4	6	10	20	40	60	120
>3 ~6	0.5	0.8	1.2	2	3	5	8	12	25	50	80	150
>6 ~10	0.6	1	1.5	2.5	4	6	10	15	30	60	100	200
>10 ~18	0.8	1.2	2	3	5	8	12	20	40	80	120	250
>18 ~30	1	1.5	2.5	4	6	10	15	25	50	100	150	300
>30 ~50	1.2	2	3	5	8	12	20	30	60	120	200	400
>50 ~120	1.5	2.5	4	6	10	15	25	40	80	150	250	500
>120 ~250	2	3	5	8	12	20	30	50	100	200	300	600
>250 ~500	2.5	4	6	10	15	25	40	60	120	250	400	800

注：①主参数 d(D) 为给定同轴度时轴直径，或给定圆跳动、全跳动时轴(孔)直径。
　　②圆锥体斜向圆跳动公差的主参数为平均直径。
　　③主参数 B 为给定对称度时槽的宽度。
　　④主参数 L 为给定两孔对称度时的孔心距。

(3)几何公差值的选用原则

几何公差值的选用，主要根据零件的功能要求、结构特征、工艺上的可能性等因素综合考虑。此外还应考虑下列情况：

①在同一要素上给出的形状公差值应小于方向公差值和位置公差值。如要求平行的两个表面，其平面度公差值应小于平行度公差值。

②圆柱形零件的形状公差值(轴线的直线度除外)一般情况下应小于其尺寸公差值。

③平行度公差值应小于其相应的距离公差值。

④对某些情况，考虑到加工的难易程度和除主参数外其他参数的影响，在满足零件功能的要求下，可适当降低1到2级选用。如：孔相对于轴；细长比较大的轴或孔；距离较大的轴或孔；宽度较大(一般大于1/2 长度)的零件表面；线对线和线对面相对于面对面的

平行度；线对线和线对面相对于面对面的垂直度等。

对于用螺栓或螺钉连接两个或两个以上零件孔组的各孔位置度公差，可根据螺栓或螺钉与通孔间的最小间隙 X_{min} 确定。

用螺栓连接时，各个被连接零件上孔均为通孔，位置度公差值 t 按式(3.37)计算

$$t = X_{min} \tag{3.37}$$

用螺钉连接时，被连接零件中有一个零件上的孔为螺孔，而其余零件上的孔都为通孔，则通孔的位置度公差值 t 按式(3.38)计算

$$t = 0.5X_{min} \tag{3.38}$$

位置度公差计算值应加以圆整，并按表 3.11 进行规范。

表 3.12 和表 3.13 可供选用公差时参考。

表3.11　位置度公差值数系表(GB/T 1184—1996)　　　　μm

1	1.2	1.5	2	2.5	3	4	5	6	8
1×10^n	1.2×10^n	1.5×10^n	2×10^n	2.5×10^n	3×10^n	4×10^n	5×10^n	6×10^n	8×10^n

注：n 为正整数。

表3.12　几种主要加工方法所能达到的直线度、平面度公差等级

加工方法		公差等级											
		1	2	3	4	5	6	7	8	9	10	11	12
车	粗											———	———
	细									———	———		
	精					———	———	———	———				
铣	粗											———	———
	细									———	———		
	精					———	———	———	———				
刨	粗											———	———
	细									———	———		
	精							———	———				
磨	粗												
	细							———	———				
	精			———									
研磨	粗					———							
	细			———	———								
	精	———	———										
刮研	粗						———						
	细				———	———							
	精	———	———										

表 3.13　几种主要的加工方法所能达到的同轴度公差等级

加工方法		公差等级										
		1	2	3	4	5	6	7	8	9	10	11
车、镗	加工孔				────					────		
	加工轴			────				────				
铰						────			────			
磨	孔		────				────					
	轴	────				────						
珩磨			────			────						
研磨		────		────								

习题三

1. 如何正确选择几何公差项目和几何公差等级？具体应考虑哪些问题？

2. 几何公差带与尺寸公差带有何区别？几何公差的四要素是什么？

3. 下列几何公差项目的公差带有何相同点和不同点？

(1) 圆度和径向圆跳动公差带；

(2) 端面对轴线的垂直度和轴向全跳动公差带；

(3) 圆柱度和径向全跳动公差带。

4. 若同一要素需同时规定形状公差、方向公差和位置公差时，三者的关系应如何处理？

5. 公差原则有哪些？独立原则和包容要求的含义是什么？

6. 组成要素和导出要素的几何公差标注有什么区别？

7. 哪些情况下在几何公差值前要加注符号"ϕ"？哪些场合要用理论正确尺寸？是怎样标注的？

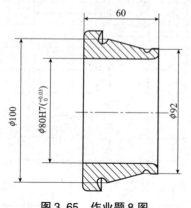

图 3.65　作业题 8 图

8. 图 3.65 所示为单列圆锥滚子轴承内圈，将下列几何公差要求标注在零件图上：

(1) 圆锥截面圆度公差为 6 级(注意此为几何公差等级)。

(2) 圆锥素线直线度公差为 7 级($L = 50mm$)，并且不允许向材料外凸起。

(3) 圆锥面对孔 $\phi80$ H7 轴线的斜向圆跳动公差为 0.02mm。

(4) $\phi80$ H7 孔表面的圆柱度公差为 0.005mm。

(5) 右端面对左端面的平行度公差为 0.004mm。

（6）$\phi80$ H7 遵守单一要素的包容要求。

（7）其余几何公差按 GB/T 1184 中的 K 级要求。

9. 将下列技术要求标注在图 3.66 上。

（1）左端面的平面度公差为 0.01mm，右端面对左端面的平行度公差为 0.04mm。

（2）$\phi70$ H7 孔的轴线对左端面的垂直度公差为 0.02mm。

（3）$\phi210$ h7 轴线对 $\phi70$ H7 孔轴线的同轴度公差为 $\phi0.03$mm。

（4）$4-\phi20$ H8 孔的轴线对左端面（第一基准）和 $\phi70$ H7 孔轴线的位置度公差为 $\phi0.15$mm。

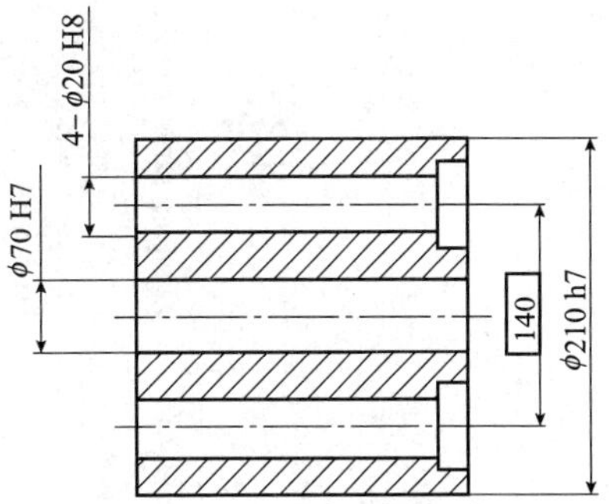

图 3.66　作业题 9 图

10. 图 3.67 中的垂直度公差各遵守什么公差原则或公差要求？说明它们的尺寸误差和几何误差的合格条件。若图（b）加工后测得零件尺寸为 $\phi19.985$，轴线的垂直度误差为 $\phi0.06$，该零件是否合格？为什么？

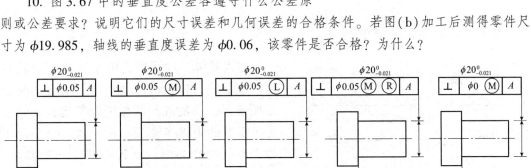

图 3.67　作业题 10 图

11. 在不改变几何公差项目的前提下，要求改正图 3.68 中的错误（按改正后的答案重新画图，重新标注）。

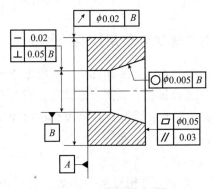

图 3.68　作业题 11 图

第4章　表面粗糙度设计

4.1　概述

4.1.1　表面粗糙度的定义

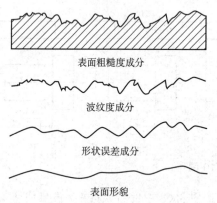

图 4.1　表面几何形状误差

在机械加工过程中，由于刀具或砂轮切削后遗留的刀痕、切削过程中切屑分离时的塑性变形，以及机床的振动等原因，会使被加工零件的表面产生微小的峰谷。这些微小峰谷高低程度和间距状况称为表面粗糙度，它是一种微观几何形状误差，也称为微观不平度。表面粗糙度应与表面形状误差(宏观几何形状误差)和表面波度区分开，通常波距小于1mm 的属于表面粗糙度，波距在 1～10mm 的属于表面波纹度，波距大于10mm 的属于形状误差，如图4.1 所示。

4.1.2　表面粗糙度对机械零件使用性能的影响

表面粗糙度一般是由所采用的加工方法和其他因素所形成的，由于加工方法和工件材料的不同，被加工表面留下痕迹的深浅、疏密、形状和纹理都有差别。表面粗糙度对机械产品的使用寿命和可靠性有重要影响，尤其对在高温、高速和高压条件下工作的机械零件影响更大，其影响主要表现在以下几个方面：

(1)影响零件的耐磨性

表面越粗糙，摩擦系数就越大，两相对运动的表面磨损越快。但是，零件表面越光滑，磨损量不一定减小。因为零件的耐磨性除受表面粗糙度影响外，还与磨损下来的金属微粒的刻划，以及润滑油被挤出和分子间的吸附作用等因素有关，这些因素使得特别光滑的表面磨损反而加剧，会使摩擦阻力增大和加剧磨损。

（2）影响配合性质的稳定性

对间隙配合来说，相对运动的表面因其粗糙不平而迅速磨损，致使间隙增大；对于过盈配合，表面轮廓峰顶在装配时易被挤平，实际有效过盈减小，致使连接强度降低。因此，表面粗糙度影响配合性质的稳定性。

（3）影响零件的强度

零件表面越粗糙，凹痕越深，峰谷的曲率半径也越小，对应力集中越敏感。特别是当零件承受交变载荷时，由于应力集中的影响，使疲劳强度降低，导致零件表面产生裂纹而损坏。

（4）影响零件的抗腐蚀性能

粗糙的表面，易使腐蚀性物质存积在表面的微观凹谷处，并渗入到金属内部，致使腐蚀加剧。因此，提高零件表面粗糙度的要求，可以增强其抗腐蚀的能力。

此外，表面粗糙度对零件其他使用性能如结合的密封性、接触刚度、对流体流动的阻力以及对机器的外观质量及测量精度等都有很大的影响。因此，为保证机械零件的使用性能，在对零件进行精度设计时，必须合理地提出表面粗糙度的要求。

本章涉及的表面粗糙度标准有：GB/T 3505—2009《产品几何技术规范（GPS）　表面结构　轮廓法　术语、定义及表面结构参数》、GB/T 1031—2009《产品几何技术规范（GPS）　表面结构　轮廓法　表面粗糙度参数及其数值》和 GB/T 131—2006《产品几何技术规范（GPS）技术产品文件中表面结构的表示法》等。

4.2　表面粗糙度的评定

经加工获得的零件的表面粗糙度是否满足使用要求，需要进行测量与评定。

4.2.1　基本术语

（1）取样长度（lr）

取样长度是用于判别被评定轮廓的不规则特征的 x 轴方向上的长度，是测量或评定表面粗糙度时所规定的一段基准线长度，它至少包含 5 个以上轮廓峰或谷，如图 4.2 所示，取样长度 lr 的方向与轮廓走向一致。

规定取样长度的目的在于限制和减弱其他几何形状误差，特别是表面波纹度对测量结果的影响。一般表面越粗糙，取样长度越大，因为表面越粗糙，波距也越大，较大的取样长度才能包含一定数量的轮廓峰或谷。

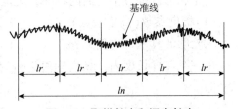

图4.2　取样长度和评定长度

lr—取样长度；ln—评定长度

（2）评定长度（ln）

评定长度是用于判别被评定轮廓的 x 轴方向上的长度。由于零件表面粗糙度不均匀，为了合理地反映表面粗糙度特征，在测量与评定时所规定的一段最小长度称为评定长度 ln。

评定长度可包括一个或几个取样长度，如图 4.2 所示，一般情况下，取 $ln = 5lr$；若测量表面比较均匀，可选 $ln < 5lr$；若均匀性差，可选 $ln > 5lr$。

（3）中线

中线是具有几何轮廓形状并划分轮廓的基准线，基准线有下列两种：

①轮廓最小二乘中线（m）

轮廓的最小二乘中线是指在取样长度范围内，使轮廓线上的各点至该线的距离的平方和为最小的线，即 $\int_0^{lr} Z^2(x)\,\mathrm{d}x \approx \sum_{i=1}^{n} Z_i^2 = \min$ 为最小，如图 4.3 所示。

②轮廓算术平均中线

轮廓的算术平均中线是指在取样长度范围内，划分轮廓为上、下两部分，且使上、下两部分面积相等的直线，即 $F_1 + F_2 + \cdots + F_n = S_1 + S_2 + \cdots + S_m$，如图 4.4 所示。

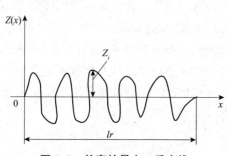

图 4.3 轮廓的最小二乘中线

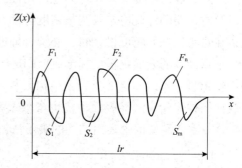

图 4.4 轮廓算术平均中线

在轮廓图形上确定最小二乘中线的位置比较困难，可用轮廓的算术平均中线，通常用目测估计确定轮廓的算术平均中线。

4.2.2 评定参数

为了满足对零件表面不同的功能要求，国标 GB/T 3505—2009 从表面微观几何形状幅度、间距和形状等三个方面的特征，规定了相应的评定参数。

（1）幅度参数（高度参数）

①轮廓的算术平均偏差 Ra

在一个取样长度内，纵坐标值 $Z(x)$ 绝对值的算术平均值，如图 4.3 所示，用 Ra 表示。即

$$Ra = \frac{1}{lr} \int_0^{lr} |Z(x)|\,\mathrm{d}x \tag{4.1}$$

或近似为：

$$Ra = \frac{1}{n} \sum_{i=1}^{n} |Z_i| \tag{4.2}$$

测得的 Ra 值越大，则表面越粗糙。Ra 能客观反映表面微观几何形状误差，但因受到计量器具功能的限制，不宜用作过于粗糙或太光滑的表面的评定参数。

②轮廓最大高度 Rz

在一个取样长度内，最大轮廓的峰高 Zp 和最大轮廓谷深 Zv 之和的高度，如图4.5所示，用 Rz 表示。即：

$$Rz = Zp + Zv \tag{4.3}$$

式中，Zp、Zv 都取正值。

幅度参数(Ra、Rz)是标准规定必须标注的参数，故又称为基本参数。

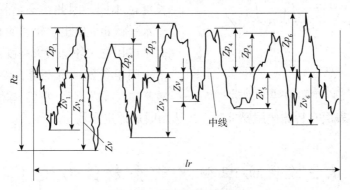

图 4.5　轮廓的最大高度

（2）间距参数

一个轮廓峰和相邻一个轮廓谷的组合称为轮廓单元。中线与各个轮廓单元相交线段的长度称为轮廓单元宽度，用 Xs_i 表示。

轮廓单元的平均宽度：在一个取样长度内，轮廓单元宽度 Xs_i 的平均值，如图4.6所示，用 RSm 表示。即：

$$RSm = \frac{1}{m}\sum_{i=1}^{m} Xs_i \tag{4.4}$$

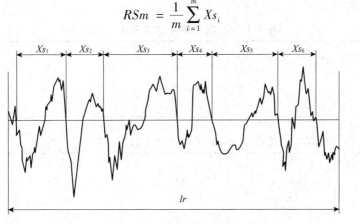

图 4.6　轮廓单元宽度

（3）混合参数（形状参数）

轮廓的支承长度率 $Rmr(c)$：在给定水平位置 c 上轮廓的实际材料长度 $Ml(c)$ 与评定长度的比率，如图4.7所示，用 $Rmr(c)$ 表示，即

$$Rmr(c) = \frac{Ml(c)}{ln} \tag{4.5}$$

所谓轮廓的实体材料长度 $Ml(c)$，是指在评定长度内，一平行于 x 轴的直线从峰顶线向下移一水平截距 c 时，与轮廓相截所得的各段截线长度之和。即

$$Ml(c) = b_1 + b_2 + \cdots + b_i + \cdots + b_n = \sum_{i=1}^{n} b_i \qquad (4.6)$$

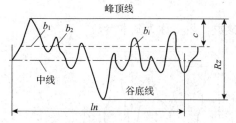

图 4.7 轮廓支承长度率曲线

平行于中线的直线在轮廓上截取的位置不同，即水平截距 c 不同，则所得的支承长度也不同。因此，支承长度率应该对应于水平截距 c 给出。轮廓的水平截距 c 可用微米或用它占轮廓最大高度百分比表示。

间距参数 RSm 与混合参数 $Rmr(c)$，相对基本参数而言，它们称附加参数。只有少数零件的重要表面有特殊使用要求时，才选用附加评定参数。

4.3　表面粗糙度的参数值与选用

4.3.1　表面粗糙度的参数值

表面粗糙度的参数值已经标准化，设计时应按国家标准 GB/T 1031—2009《产品几何技术规范(GPS) 表面结构 轮廓法 表面粗糙度参数及其数值》规定的参数值系列选取。

幅度参数值列于表 4.1 和表 4.2，间距参数值列于表 4.3，混合参数值列于表 4.4，长度参数值列于表 4.5。

表 4.1　Ra 数值表(GB/T 1031—2009)　　　　　　　　μm

0.012	0.20	3.2	
0.025	0.40	6.3	
0.050	0.80	12.5	50
0.100	1.60	25	

表 4.2　Rz 数值表(GB/T 1031—2009)　　　　　　　　μm

0.025	0.40	6.3	100	
0.050	0.80	12.5	200	
0.100	1.60	25	400	1600
0.20	3.2	50	800	

表 4.3　RSm 数值表(GB/T 1031—2009)　　　　　　　　μm

0.006	0.10	1.60
0.0125	0.20	3.2
0.025	0.40	6.3
0.050	0.80	12.5

表 4.4　$Rmr(c)$（%）数值表（GB/T 1031—2009）

10	15	20	25	30	40	50	60	70	80	90

注：选用支承长度率 $Rmr(c)$ 时，必须同时给出轮廓的水平截距 c 的数值，c 值多用 Rz 的百分数表示，其系列如下：5%，10%，15%，20%，25%，30%，40%，50%，60%，70%，80%，90%。

表 4.5　lr 和 ln 数值表（GB/T 1031—2009）

$Ra/\mu m$	$Rz/\mu m$	lr/mm	$ln(ln = 5lr)/mm$
≥0.008 ~ 0.02	≥0.025 ~ 0.10	0.08	0.4
>0.02 ~ 0.10	>0.10 ~ 0.50	0.25	1.25
>0.1 ~ 2.0	>0.50 ~ 10.0	0.8	4.0
>2.0 ~ 10.0	>10.0 ~ 50.0	2.5	12.5
>10.0 ~ 80.0	>50.0 ~ 320	8.0	40.0

4.3.2　表面粗糙度的选用

（1）评定参数的选用

①幅值参数的选用

一般情况下可以从幅值参数 Ra 和 Rz 中任选一个，但在常值范围内（Ra 在 0.025 ~ 6.3μm），优先选用 Ra。因为 Ra 能全面客观地反映零件表面轮廓的微观几何形状特征。

当表面粗糙度特别高或特别低（$Ra < 0.025\mu m$ 或 $Ra > 6.3\mu m$）时，可选用 Rz。Rz 用于测量部位小、峰谷小或有疲劳强度要求的零件表面的评定。

如图 4.8 所示，三种表面的轮廓最大高度相同，而使用质量显然不同，只用幅度参数不能全面反映零件表面微观几何形状误差。

图 4.8　不同的表面微观形状

②对间距参数和混合参数的选用

对附加评定参数 RSm 和 $Rmr(c)$，一般不能作为独立参数选用，只有少数零件的重要表面，有特殊使用要求时才附加选用。

单元的平均宽度 RSm 主要在对涂漆性能、抗裂纹、抗振、抗腐蚀、减少流体流动摩擦阻力等有要求时选用。

支承长度率 $Rmr(c)$ 主要在耐磨性、接触刚度要求较高等场合附加选用。

（2）参数值的选用

表面粗糙度参数值的选用原则首先是满足零件表面的功能要求，其次是考虑经济性和工艺的可能性。在满足零件表面功能要求的前提下，参数的允许值尽可能大一些[除 $Rmr(c)$ 外]。在工程实际中，由于表面粗糙度和功能的关系十分复杂，因而很难准确地确定参数的允许值，在具体设计时，一般多采用经验统计资料，用类比法来选用。具体选择时，应注意如下原则：

①同一零件上，工作表面的 Ra（或 Rz）值比非工作表面小。

②摩擦表面的 Ra（或 Rz）值比非摩擦表面小。

③公差等级相同时，过盈配合表面的 Ra（或 Rz）值应小于间隙配合的表面，轴的 Ra（或 Rz）应小于孔的，小尺寸表面的 Ra（或 Rz）值要小于大尺寸的。

④配合性质要求高的配合表面，如小间隙的配合表面，受重载荷作用的过盈配合的表面，粗糙度值都应较小。

⑤在确定表面粗糙度参数值时，应注意它与尺寸公差和几何公差协调。尺寸公差越小，几何公差值、表面粗糙度的 Ra 或 Rz 值应越小。

⑥高速运动、单位面积压力大，以及受交变应力作用的重要零件的圆角沟槽的表面粗糙度参数值应较小。

⑦在满足表面功能要求的情况下，尽可能选用较大的零件表面粗糙度参数值。凡有关标准已对表面粗糙度作出规定的，则按标准确定。

表 4.6 ~ 表 4.8 分别列出了表面粗糙度的表面特征、经济加工方法和应用举例，轴和孔的表面粗糙度参数推荐值及各种加工方法可能达到的表面粗糙度，供选用时参考。

表 4.6 表面粗糙度参数值的表面特征、经济加工方法和应用举例

表面微观特性		$Ra/\mu m$	加工方法	应用举例
粗糙表面	微见刀痕	≤20	粗车、粗刨、粗铣、钻、毛锉、锯断	半成品加工过的表面，非配合的加工表面，如轴端面、倒角、钻孔、齿轮和皮带轮侧面、键槽底面、垫圈接触面
半光表面	微见加工痕迹	≤10	车、刨、铣、镗、钻、粗铰	轴上不安装轴承、齿轮处的非配合表面，紧固件的自由装配表面，轴和孔的退刀槽
	微见加工痕迹	≤5	车、刨、铣、镗、磨、拉、粗刮、滚压	半精加工表面，箱体、支架、盖面、套筒等和其他零件结合而无配合要求的表面，需要发蓝的表面
	看不见加工痕迹	≤2.5	车、刨、铣、镗、磨、拉、刮、压、铣齿	接近于精加工表面，箱体上安装轴承的镗孔表面，齿轮的工作面
光表面	可辨加工痕迹方向	≤1.25	车、镗、磨、拉、刮、磨齿、精铰、滚压	圆柱销、圆锥销，与滚动轴承配合的表面，普通车床导轨，内、外花键定心表面
	微辨加工痕迹方向	≤0.63	精铰、精镗、磨、刮、滚压	要求配合性质稳定的配合表面，工作时受交变应力的重要零件，较高精度车床的导轨面
	不可辨加工痕迹方向	≤0.32	精磨、珩磨、研磨、超精加工	精密机床主轴锥孔、顶尖圆锥面、发动机曲轴、凸轮轴工作表面，高精度齿轮齿面
极光表面	暗光泽面	≤0.16	精磨、研磨、普通抛光	精密机床主轴轴颈表面，一般量规工作表面，气缸套内表面，活塞销表面
	亮光泽面	≤0.08	超精磨、精抛光、镜面磨削	精密机床主轴轴颈表面，滚动轴承的滚珠，高压油泵中柱塞和柱塞套配合表面
	镜状光泽面	≤0.04		
	镜面	≤0.01	镜面磨削、超精研	高精度量仪、量块的工作表面，光学仪器中的金属镜面

表 4.7　轴和孔表面粗糙度参数推荐值

表面特征			$Ra/\mu m$ 不大于		
轻度装卸零件的配合表面（如挂轮、滚刀等）	公差等级	表面	公称尺寸/mm		
			到 50	>50 ~ 500	
	5	轴	0.2	0.4	
		孔	0.4	0.8	
	6	轴	0.4	0.8	
		孔	0.4 ~ 0.8	0.8 ~ 1.6	
	7	轴	0.4 ~ 0.8	0.8 ~ 1.6	
		孔	0.8	1.6	
	8	轴	0.8	1.6	
		孔	0.8 ~ 1.6	1.6 ~ 3.2	
过盈配合的配合表面①装配按机械压入法②装配按热处理法	公差等级	表面	公称尺寸/mm		
			到 50	>50 ~ 120	>120 ~ 500
	5	轴	0.1 ~ 0.2	0.4	0.4
		孔	0.2 ~ 0.4	0.8	0.8
	6 ~ 7	轴	0.4	0.8	1.6
		孔	0.8	1.6	1.6
	8	轴	0.8	0.8 ~ 1.6	1.6 ~ 3.2
		孔	1.6	1.6 ~ 3.2	1.6 ~ 3.2
	一	轴	1.6		
		孔	1.6 ~ 3.2		

表面特征	表面	径向跳动公差/μm					
精密定心用配合的零件表面	表面	2.5	4	6	10	16	25
		$Ra/\mu m$ 不大于					
	轴	0.05	0.1	0.1	0.2	0.4	0.8
	孔	0.1	0.2	0.2	0.4	0.8	1.6

表面特征	表面	公差等级		液体湿摩擦条件
滑动轴承的配合表面	表面	6 ~ 9	10 ~ 12	液体湿摩擦条件
		$Ra/\mu m$ 不大于		
	轴	0.4 ~ 0.8	0.8 ~ 3.2	0.1 ~ 0.4
	孔	0.8 ~ 1.6	1.6 ~ 3.2	0.2 ~ 0.8

表 4.8　各种常用加工方法可能达到的表面粗糙度

加工方法	表面粗糙度 $Ra/\mu m$												
	0.012	0.025	0.05	0.10	0.20	0.40	0.80	1.60	3.20	6.30	12.5	25	50	100
砂模铸造													
压力铸造													
模锻													

续表

加工方法		表面粗糙度 Ra/μm													
		0.012	0.025	0.05	0.10	0.20	0.40	0.80	1.60	3.20	6.30	12.5	25	50	100
挤压							├──				──┤				
刨削	粗									├──			──┤		
	半精								├──			──┤			
	精						├──			──┤					
插削									├──				──┤		
钻孔									├──				──┤		
金钢镗孔				├──		──┤									
镗孔	粗										├──		──┤		
	半精								├──			──┤			
	精						├──		──┤						
端面铣	粗									├──		──┤			
	半精						├──			──┤					
	精					├──			──┤						
车外圆	粗										├──		──┤		
	半精								├──		──┤				
	精					├──			──┤						
磨平面	粗								├──		──┤				
	半精								├──		──┤				
	精		├──			──┤									
研磨	粗					├──			──┤						
	半精			├──		──┤									
	精	├──				──┤									

4.4 表面粗糙度的代号及其标注

图样上所标注的表面粗糙度符号、代号，是该表面完工后的要求。表面粗糙度的标注应符合 GB/T 131—2006 的规定。

4.4.1 表面粗糙度符号

在图样上标注的表面粗糙度符号分为基本图形符号、扩展图形符号、完整图形符号和工件轮廓各表面的图形符号，如表 4.9 所示。

表 4.9　表面粗糙度的符号及其含义（GB/T 131—2006）

名称	符号	说明
基本图形符号（简称基本符号）	✓	未指定工艺方法获得的表面，可用任何方法获得，仅适合于简化代号标注，没有补充说明时不能单独使用
扩展图形符号	✓	用去除材料方法获得的表面，例如：车、铣、钻、磨、抛光等
	✓	用不去除材料方法获得的表面，例如：铸造、锻造、冲压、粉末冶金等
完整图形符号	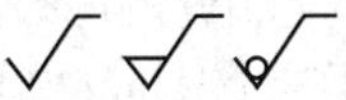 ✓ ✓ ✓	在上述三个符号的长边上加一横线，用于标注表面粗糙度特征的补充信息
工作轮廓各表面的图形符号	 ✓ ✓ ✓	在完整图形符号上加一圆圈，表示在图样某个视图上构成封闭轮廓的各表面有相同的表面粗糙度要求。它标注在图样中工件的封闭轮廓线上，如果标注会引起歧义时，各表面应分别标注

4.4.2　表面粗糙度要求标注的内容及其注法

（1）表面粗糙度要求标注的内容

为了明确表面粗糙度要求，除了标注表面粗糙度单一要求外，必要时还应标注补充要求。单一要求是指表面粗糙度参数及其数值；补充要求是指传输带、取样长度、加工工艺、表面纹理及方向和加工余量等。在完整的图形符号中，对上述要求应注写在图 4.9 所示的指定位置上。

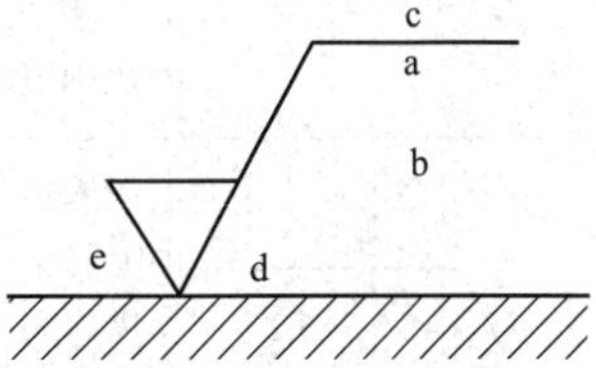

（2）表面粗糙度要求在图形中的标注

①位置 a 处注写表面粗糙度的单一要求（即第一个要求），该要求是不能省略的，它包括表面粗糙度参数代号、极限值和传输带或取样长度等内容，在图形中的注法如图 4.10 和表 4.10 所示。

图 4.9　表面粗糙度要求的注写位置
a—表面粗糙度的单一要求，μm；
b—第二个表面粗糙度要求，μm；
c—加工方法；d—表面纹理和纹理方向；
e—加工余量，mm

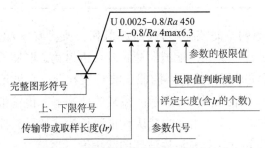

U 0.0025−0.8/Ra 450
L −0.8/Ra 4max6.3

参数的极限值
极限值判断规则
评定长度(含 lr 的个数)
参数代号

完整图形符号
上、下限符号
传输带或取样长度(lr)

图 4.10　表面粗糙度的单一要求注法

图 4.10 中注法的内容详细说明如下：

a. 上限或下限的标注：在完整的图形符号中，表示双向极限时应标注上限符号"U"和下限符号"L"，上限在上方，下限在下方，如图 4.10 和表 4.10(3) 所示。如果同一参数具有双向极限要求，在不引起歧义时，可以省略"U"和"L"的标注，如表 4.10(8) 所示。当只有单向极限要求时，若为单向上限值，则可省略"U"的标注，如表 4.10(7) 所示。若为单向下限值，则必需加注"L"，如表 4.10(4) 所示。

表 4.10　表面粗糙度的代号及意义

序号	代号	意义
(1)	$\sqrt{Rz\,0.4}$	表示不允许去除材料，单向上限值，默认传输带，轮廓的最大高度 $0.4\mu m$，评定长度为 5 个取样长度（默认），"16% 规则"（默认）
(2)	$\sqrt{Rz\,\max\,0.2}$	表示去除材料，单向上限值，默认传输带，轮廓最大高度的最大值 $0.2\mu m$，评定长度为 5 个取样长度（默认），"最大规则"
(3)	$\sqrt{\begin{array}{l} U\,Ra\,\max\,3.2 \\ L\,Ra\,0.8 \end{array}}$	表示不允许去除材料，双向极限值，两极限值均使用默认传输带；上限值：算术平均偏差 $3.2\mu m$，评定长度为 5 个取样长度（默认），"最大规则"；下限值：算术平均偏差 $0.8\mu m$，评定长度为 5 个取样长度（默认），"16% 规则"（默认）
(4)	$\sqrt{L\,Ra\,1.6}$	表示任意加工方法，单向下限值，默认传输带，算术平均偏差 $1.6\mu m$，评定长度为 5 个取样长度（默认），"16% 规则"（默认）
(5)	$\sqrt{0.008-0.8/Ra\,3.2}$	表示去除材料，单向上限值，传输带 $0.008\sim0.8\text{mm}$，算术平均偏差 $3.2\mu m$，评定长度为 5 个取样长度（默认），"16% 规则"（默认）
(6)	$\sqrt{-0.8/Ra3\,3.2}$	表示去除材料，单向上限值，传输带：根据 GB/T 6062，取样长度 0.8mm，算术平均偏差 $3.2\mu m$，评定长度包含 3 个取样长度（即 $ln=0.8\text{mm}\times3=2.4\text{mm}$），"16% 规则"（默认）
(7)	铣 $\sqrt{\begin{array}{l} Ra0.8 \\ \perp-2.5/Rz\,3.2 \end{array}}$	表示去除材料，两个单向上限值：①默认传输带和评定长度，算术平均偏差 $0.8\mu m$，"16% 规则"（默认）；②传输带为 -2.5mm，默认评定长度，轮廓的最大高度 $3.2\mu m$，"16% 规则"（默认）。表面纹理垂直于视图所在的投影面。加工方法为铣削
(8)	$3\sqrt{\begin{array}{l} 0.008-4/Ra\,50 \\ 0.008-4/Ra\,6.3 \end{array}}$	表示去除材料，双向极限值：上限值 $Ra=50\mu m$，下限值 $Ra=6.3\mu m$；上、下极限传输带为 $0.008\sim4\text{mm}$；默认的评定长度均为 $ln=4\times5=20\text{mm}$；"16% 规则"（默认）。加工余量为 3mm
(9)	$\sqrt{}$ $\sqrt{Y}$　$\sqrt{Z}$	简化符号：符号及所加字母的含义由图样中的标注说明

b. 传输带和取样长度的标注：传输带是指两个滤波器（短波滤波器和长波滤波器）的截止波长值之间的波长范围（即评定时的波长范围）。长波滤波器截止波长值也就是取样长度 lr，如表 4.10(6) 中 $lr=0.8\text{mm}$。传输带标注时短波滤波器的截止波长值在前，长波滤波器截止波长值在后，并用连字号"－"隔开，如表 4.10(8) 所示。在某些情况下，传输带中只标注两个滤波器中的一个，若未标注滤波器，则使用它的默认截止波长值。如果只标注一个滤波器，也应保留连字号"－"来区分是短波还是长波滤波器的截止值。

c. 参数代号的标注：表面粗糙度参数代号标注在传输带或取样长度后，它们之间加一斜线"/"隔开，如表 4.10(5)(6) 所示。

d. 评定长度 ln 的标注：如果采用默认的评定长度，既采用 $ln=5lr$ 时，则评定长度可省略标注。如果评定长度不等于 $5lr$ 时，则应在相应参数代号后注出取样长度 lr 的个数，如表 4.10(6)所示($ln = 3lr$)。

　　e. 极限值判断规则和极限值的标注：参数极限值的判断原则有"16%规则"和"最大规则"两种。"16%规则"是所有表面结构要求标注的默认规则(省略标注)，其含义是同一评定长度内幅度参数所有的实测值中，大于上限值的个数少于总数的16%，且小于下限值的个数少于总数的16%，则认为合格。"最大规则"是指在整个被测表面上，幅度参数所有的实测值不大于最大允许值和不小于最小允许值，则认为合格。采用"最大规则"时，应在参数代号后增加标注一个"max"的标记，如表 4.10(2)(3)所示。

　　为了避免误解，在参数代号和极限值之间应插入一个空格。

　　表面粗糙度的其他要求(如图 4.9 中位置 b、c、d 和 e 处)可根据零件功能需要标注。

　　②位置 b 处注写第二个表面粗糙度要求。如果要注写第三个或更多的表面粗糙度要求时，图形符号应在垂直方向扩大，以空出足够空间。此时，a、b 的位置随之上移。

　　③位置 c 处注写加工方法、表面处理、涂层和其他加工工艺要求等(如车、磨、镀等加工表面)，如表 4.10(7)所示。

　　④位置 d 处注写要求的表面纹理和纹理方向。标注规定的加工纹理及其方向，如表4.11 所示。

　　⑤位置 e 处注写要求的加工余量(单位为 mm)，如表 4.10(8)所示。

表 4.11　表面纹理的标注

符号	解释和示例	
＝	纹理平行于视图所在的投影面	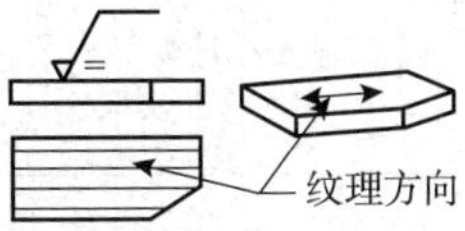 纹理方向
⊥	纹理垂直于视图所在的投影面	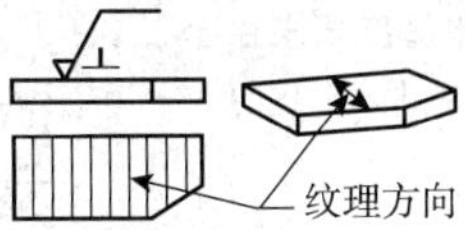 纹理方向
✕	纹理呈两斜向交叉且与视图所在的投影面相交	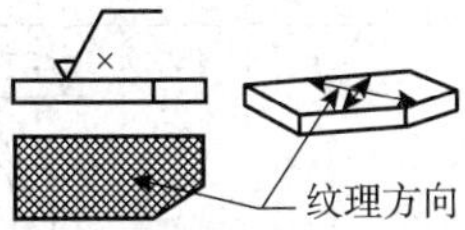 纹理方向

4.4.3　表面粗糙度要求在图样上的标注

　　表面粗糙度要求对零件的每一表面一般只标注一次，并尽可能标注在相应的尺寸及其公差的同一视图上。除非另有说明，所标注的表面粗糙度要求只是对完工零件表面的要求。表面粗糙度要求在图样上的标注示例如表 4.12 所示。

表4.12 表面粗糙度要求在图样上的标注示例

要求	图例	说明
表面粗糙度要求的注写方向		表面粗糙度的注写和读取方向与尺寸的注写和读取方向一致
表面粗糙度要求标注在轮廓线上或指引线上		表面粗糙度要求可标注在轮廓线上，其符号应从材料外指向并接触表面
		必要时，表面粗糙度符号也可用箭头或黑点的指引线引出标注
表面粗糙度要求在特征尺寸线上的标注		在考虑不引起误解的情况下，表面粗糙度要求可以标注在给定的尺寸线上
表面粗糙度要求在几何公差框格上的标注		表面粗糙度可标注在几何公差框格的上方
表面粗糙度要求在延长线上的标注		表面粗糙度可以直接标注在延长线上，或用带箭头的指引线引出标注。圆柱和棱柱表面的表面粗糙度要求只标一次
		如果棱柱的每个表面有不同的表面粗糙度要求时，则应分别单独标注

续表

要求	图例	说明
大多数表面(包括全部)有相同表面粗糙度要求的简化标注	$\sqrt{}$ Rz 6.3 $\sqrt{}$ Rz 1.6 $\sqrt{}$ Ra 3.2 ($\sqrt{}$)	如果工件的多数表面有相同的表面粗糙度要求,则其要求可统一标注在标题栏附近。此时,表面粗糙度要求的符号后面要加上圆括号,并在圆括号内给出基本符号
	$\sqrt{}$ Ra 3.2	如果工件全部表面有相同的表面粗糙度要求,则其要求可统一标注在标题栏附近
多个表面有相同的表面粗糙度要求或图纸空间有限时的简化标注	$\sqrt{}^z = \sqrt{}\genfrac{}{}{0pt}{}{U\ Rz\ 1.6}{L\ Ra\ 0.8}$ $\sqrt{}^y = \sqrt{}\ Ra\ 3.2$ 在图纸空间有限的简化标注	可用带字母的完整符号,以等式的形式,在图形或标题栏附近,对有相同表面粗糙度要求的表面进行简化标注
	$\sqrt{} = \sqrt{}\ Ra\ 3.2$ (a)未指定工艺方法的多个表面结构要求的简化注法 $\sqrt{} = \sqrt{}\ Ra\ 3.2$ (b)要求去除材料的多个表面结构要求的简化注法 $\sqrt{} = \sqrt{}\ Ra\ 3.2$ (c)不允许去除材料的多个表面结构要求的简化注法	可用表面粗糙度基本符号(a)和扩展图形符号(b)(c),以等式的形式给出多个表面有相同的表面粗糙度要求
键槽表面的表面粗糙度要求的注法	$C2$ Ra 3.2 A $A-A$ A Ra 6.3	键槽宽度两侧面的表面粗糙度要求标注在键槽宽度的尺寸线上:单向上限值 $Ra = 3.2\mu m$;键槽底面的表面粗糙度要求标注在带箭头的指引线上:单向上限值 $Ra = 6.3\mu m$。(其他要求:极限值的判断原则、评定长度和传输带等均为默认)
倒倒角、倒圆表面的表面粗糙度要求的注法	Ra 1.6 $R3$ Rz 6.3 $\phi 40$	倒圆表面的表面粗糙度要求标注在带箭头的指引线上:单向上限 $Ra = 1.6\mu m$;倒角表面的表面粗糙度要求标注在其轮廓延长线上:单向上限值 $Ra = 6.3\mu m$

续表

要求	图例	说明
两种或多种工艺获得的同一表面的注法	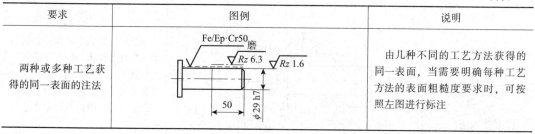	由几种不同的工艺方法获得的同一表面，当需要明确每种工艺方法的表面粗糙度要求时，可按照左图进行标注

习题四

1. 表面粗糙度的含义是什么？对零件的工作性能有哪些影响？

2. 轮廓中线的含义和作用是什么？为什么规定了取样长度，还要规定评定长度？两者之间有什么关系？

3. 表面粗糙度的基本评定参数有哪些？哪些是基本参数？哪些是附加参数？简述各参数的含义。

4. 表面粗糙度参数值是否选得越小越好？选用的原则是什么？如何选用？

5. 在一般情况下，下列每组中两孔表面粗糙度参数值的允许值是否应该有差异？如果有差异，那么哪个孔的允许值较小？为什么？

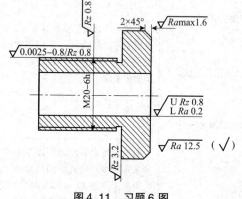

图 4.11 习题6图

（1）$\phi60$ H8 与 $\phi20$ H8 孔；

（2）$\phi50$ H7/s6 与 $\phi50$ H7/g6 中的 H7 孔；

（3）圆柱度公差分别为 0.01mm 和 0.02mm 的两个 $\phi40$ H7 孔。

6. 解释图 4.11 中标注的各表面粗糙度要求的含义。

7. 试将下列表面粗糙度要求标注在图 4.12 所示的图样上。

（1）两端圆柱面的表面粗糙度参数 Ra 的上限值为 1.6μm，下限值为 0.8μm；

（2）中间圆柱的轴肩表面粗糙度参数 Rz 的最大值为 20μm；

（3）中间圆柱面的表面粗糙度参数 Ra 的最大值为 3.2μm，最小值为 1.6μm；

（4）键槽两侧面的表面粗糙度参数 Ra 的上限值为 3.2μm；

（5）其余表面的表面粗糙度参数 Ra 的最大值为 12.5μm。

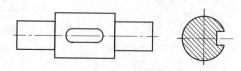

图 4.12 习题7图

第5章 滚动轴承与孔、轴结合的精度设计

滚动轴承是由专门的滚动轴承制造厂生产的标准部件，在机器和仪器中起着支承作用，可以减少运动副的摩擦、磨损，提高机械效率。滚动轴承与孔、轴结合的精度设计，就是根据滚动轴承的精度合理确定滚动轴承外圈与相配外壳孔的尺寸精度、内圈与相配轴颈的尺寸精度、滚动轴承与外壳孔和轴颈配合表面的几何精度以及表面粗糙度参数值，以保证滚动轴承的工作性能和使用寿命。

5.1 滚动轴承的组成及其精度等级

为了研究滚动轴承与孔、轴结合的精度设计，首先要了解滚动轴承的组成、种类及其精度等级。

5.1.1 滚动轴承的组成及种类

滚动轴承是一种标准部件，作为转动支承广泛应用于机床、汽车、仪器仪表及各种机器中。滚动轴承由内圈、外圈、滚动体和保持架组成，如图5.1所示。轴承的内径 d 与轴结合，外径 D 与轴承座孔结合；滚动体承受载荷，并使轴承形成滚动摩擦，保持架将滚动体均匀分开，使每个滚动体轮流承载并在内外滚道上滚动。

滚动轴承的种类很多，按滚动体形状分为球轴承和滚子、滚针轴承；按承载的作用力方向分为向心轴承、向心推力轴承(角接触轴承)和推力轴承。其中向心推力轴承的应用范围最广泛。

5.1.2 滚动轴承的精度等级及其应用

(1)滚动轴承的精度等级

滚动轴承的精度等级是按其外形尺寸公差和旋转精度分级的。GB/T 307.1—2017《滚动轴承 向心轴承 产品几何技术规范(GPS)和公差值》中分别作出下述规定：轴承(圆锥滚子轴承除外)的公差等级分为2、4、5、6、普通级

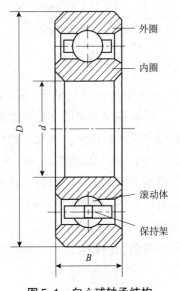

图5.1 向心球轴承结构

共五级；圆锥滚子轴承的公差等级分为2、4、5、6X、普通级共五级，推力轴承的公差等级分为4、5、6、普通级共四级。它们依次由高到低，2级精度最高，普通级精度最低。向心轴承的外形尺寸公差是指轴承内径(d)、外径(D)和宽度尺寸(B)的公差。轴承内、外圈为薄壁零件，在制造后自由状态存放时易变形(常呈椭圆形)。但当轴承内圈与轴颈，外圈与外壳孔装配后，这种变形又会得到矫正。不同公差等级对应的公差项目和数值均不相同，对于普通级和6级公差，其内、外径尺寸公差及数值如表5.1～表5.4所示。

表 5.1　向心轴承(圆锥滚子轴承除外)——内圈——普通级公差(GB/T 307.1—2017)

极限偏差和公差值单位为 μm

d/mm		$t_{\Delta dmp}$		t_{Vdsp} 直径系列			t_{Vdmp}	t_{Kia}	$t_{\Delta Bs}$ 全部	正常	修正①	t_{VBs}
>	≤	U②	L③	9	0、1	2、3、4			U②	L③		
—	0.6	0	-8	10	8	6	6	10	0	-40	—	12
0.6	2.5	0	-8	10	8	6	6	10	0	-40	—	12
2.5	10	0	-8	10	8	6	6	10	0	-120	-250	15
10	18	0	-8	10	8	6	6	10	0	-120	-250	20
18	30	0	-10	13	10	8	8	13	0	-120	-250	20
30	50	0	-12	15	12	9	9	15	0	-120	-250	20
50	80	0	-15	19	19	11	11	20	0	-150	-380	25
80	120	0	-20	25	25	15	15	25	0	-200	-380	25
120	180	0	-25	31	31	19	19	30	0	-250	-500	30
180	250	0	-30	38	38	23	23	40	0	-300	-500	30

注：①适用于成对或成组安装时单个轴承的内、外圈，也适用于 $d \geqslant 50$mm 锥孔轴承的内圈。
②U 代表上极限偏差。
③L 代表下极限偏差。

（2）各精度等级轴承的应用

轴承精度等级的选择主要依据有两点：一是对轴承部件提出的旋转精度要求，如径向跳动和轴向跳动值。例如，若机床主轴径向跳动要求为0.01mm，可选用5级轴承，径向跳动为0.001～0.005mm时，可选用4级轴承；二是转速的高低，转速高时，应选用精度等级高的滚动轴承，因为，转速高时，与轴承结合的旋转轴(或外壳孔)可能随轴承的跳动而跳动，势必造成旋转不平稳，产生振动和噪声。此外，为保证部件有较高的精度，可以采用不同等级的搭配方式，例如，机床主轴的后支承比前支承用的滚动轴承低一级，即后轴内圈的径向跳动值要比前轴承的稍大些。

表5.2 向心轴承(圆锥滚子轴承除外)——外圈——普通级公差(GB/T 307.1—2017)

极限偏差和公差值单位为 μm

$D/$ mm		$t_{\Delta Dmp}$		t_{VDsp} ①				t_{VDmp} ①	t_{Kea}	$t_{\Delta Cs}$ $t_{\Delta Cls}$ ②		t_{VCs} t_{VCls} ②
				开型轴承			闭型轴承			U	L	
				直径系列								
>	≤	U②	L③	9	0、1	2、3、4	2、3、4					
—	2.5	0	−8	10	8	6	10	6	15			
2.5	6	0	−8	10	8	6	10	6	15			
6	18	0	−8	10	8	6	10	6	15			
18	30	0	−9	12	9	7	12	7	15			
30	50	0	−11	14	11	8	16	8	20	与同一轴承内圈的		
50	80	0	−13	16	13	10	20	10	25	$t_{\Delta Bs}$ 及 t_{VBs} 相同		
80	120	0	−15	19	19	11	26	11	35			
120	150	0	−18	23	23	14	30	14	40			
150	180	0	−25	31	31	19	38	19	45			
180	250	0	−30	38	38	23	—	23	50			

注：①适用于内、外止动环安装前或拆卸后。
②仅适用于沟型球轴承。

表5.3 向心轴承(圆锥滚子轴承除外)——内圈——6级公差(GB/T 307.1—2017)

极限偏差和公差值单位为 μm

$d/$ mm		$t_{\Delta dmp}$		t_{Vdsp}			t_{Vdmp}	t_{Kia}	$t_{\Delta Bs}$			t_{VBs}
				直径系列					全部	正常	修正①	
									U②	L③		
>	≤	U②	L③	9	0、1	2、3、4						
—	0.6	0	−7	9	7	5	5		0	−40		12
0.6	2.5	0	−7	9	7	5	5		0	−40	—	12
2.5	10	0	−7	9	7	5	5	6	0	−120	−250	15
10	18	0	−7	9	7	5	5	7	0	−120	−250	20
18	30	0	−8	10	8	6	6	8	0	−120	−250	20
30	50	0	−10	13	10	8	8	10	0	−120	−250	20
50	80	0	−12	15	15	9	9	10	0	−150	−380	25
80	120	0	−15	19	19	11	11	13	0	−200	−380	25
120	180	0	−18	23	23	14	14	18	0	−250	−500	30
180	250	0	−22	28	28	17	17	20	0	−300	−500	30

注：①适用于成对或成组安装时单个轴承的内、外圈，也适用于 $d \geqslant 50mm$ 锥孔轴承的内圈。

表5.4 向心轴承(圆锥滚子轴承除外)——外圈——6级公差(GB/T 307.1—2017)

极限偏差和公差值单位为 μm

D mm		$t_{\Delta Dmp}$		t_{VDsp}①				t_{VDmp}①	t_{Kea}	$t_{\Delta Cs}$ $t_{\Delta Cls}$②		t_{VCs} t_{VCls}②
				开型轴承			闭型轴承					
				直径系列						U	L	
>	≤	U②	L③	9	0、1	2、3、4	2、3、4					
—	2.5	0	−7	9	7	5	9	5	8			
2.5	6	0	−7	9	7	5	9	5	8			
6	18	0	−7	9	7	5	9	5	8			
18	30	0	−8	10	8	6	10	6	9			
30	50	0	−9	11	9	7	13	7	10	与同一轴承内圈的 $t_{\Delta Bs}$ 及 t_{VBs} 相同		
50	80	0	−11	14	11	8	16	8	13			
80	120	0	−13	16	16	10	20	10	18			
120	150	0	−15	19	19	11	25	11	20			
150	180	0	−18	23	23	14	30	14	23			
180	250	0	−20	25	25	15	—	15	25			

注：①适用于内、外止动环安装前或拆卸后。
②仅适用于沟型球轴承。

各级精度的滚动轴承的应用大致如下：

①普通级轴承用在中等精度、中等转速和旋转精度要求不高的一般机构中，它在机械产品中应用十分广泛。如普通机床中的变速机构、进给机构、水泵、压缩机等一般通用机器中所用的轴承。

②6、6X 级轴承应用于旋转精度和转速较高的旋转机构中。如普通机床的主轴轴承(前轴多采用5级，后轴多采用6级)、精密机床传动轴使用的轴承。

③5、4 级轴承应用于旋转精度和转速高的旋转机构中。如精密机床的主轴轴承、精密仪器和机械使用的轴承。

④2 级轴承应用于旋转精度和转速很高的旋转机构中。如坐标镗床的主轴轴承、高精度仪器和高转速机构中使用的轴承。

5.2 滚动轴承和孔、轴结合的公差与配合

5.2.1 配合的要求及其特点

滚动轴承除了在结构和材料上要有良好的工作性能以外，使用时还要求与其相配的轴颈、外壳孔也要达到较高的配合精度和旋转精度。为了保证配合精度，就要控制轴承的公

称尺寸(D 和 d)的精度，并且要控制轴径和外壳孔的尺寸公差、形状误差以及表面粗糙度。为了控制旋转精度，还必须控制轴径和外壳孔的跳动误差，以控制轴承内圈和轴对轴承外圈和外壳相对转动时摆动的程度。

由于滚动轴承是标准部件，它的内、外圈与轴颈和外壳孔的配合表面无须再加工。为了便于互换和大量生产，轴承内圈与轴颈的配合采用基孔制配合，轴承外圈与外壳孔的配合采用基轴制配合。

由于滚动轴承是易损件，其内、外圈又是薄壁件，同时在机构中多数是内圈随轴一起旋转，外圈和外壳是固定在一起的，为了保证轴承内圈随轴一起旋转，防止配合表面间发生相对运动产生磨损。轴承内圈与轴颈配合要有适当的过盈量，但过盈不能太大，以保证拆卸方便及内圈材料不因产生过大的应力而变形和破坏。标准中将轴承内径 $d$mp 的公差带置于零线以下，上极限偏差为零，下极限偏差为负值，如图 5.2 所示。此时轴颈的公差带从"公差与配合"标准中基孔制配合的轴公差带中选取，这样轴承内圈与轴的配合要比国标"公差与配合"中

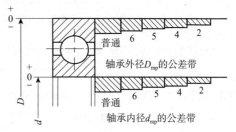

图 5.2　轴承内、外圈公差带图

基孔制的同类配合紧一些。即一些过渡配合，如 k5、k6、m5、m6，在这里变为过盈配合，而有些间隙配合，如 g5、g6、h5、h6、h7、h8，在这里已变为过渡配合。

5.2.2　与滚动轴承配合的孔和轴公差带

按 GB/T 275—2015《滚动轴承　配合》规定，滚动轴承与轴、轴承座孔配合的尺寸公差带图如图 5.3 和图 5.4 所示。图中为标准推荐的轴承座孔、轴的尺寸公差带，其适用范围如下：

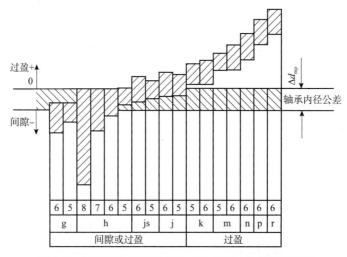

图 5.3　普通级公差轴承与轴配合的常用公差带关系图

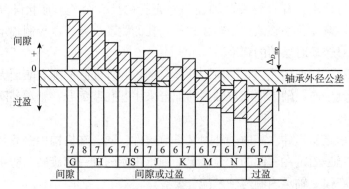

图 5.4　普通级公差轴承与轴承座孔配合常用公差带关系图

①对轴承的旋转精度、运转平稳性、工作温度等无特殊要求；

②轴承外形尺寸符合 GB/T 273.1—2011《滚动轴承　外形尺寸总方案　第 1 部分：圆锥滚子轴承》、GB/T 273.2—2006《滚动轴承　外形尺寸总方案　第 2 部分：推力轴承》、GB/T 273.3—2015《滚动轴承　外形尺寸总方案　第 3 部分：向心轴承》，且公称内径 $d \leqslant 500\text{mm}$；

③轴承公差符合 GB/T 307.1—2017《滚动轴承　向心轴承　产品几何技术规范（GPS）和公差值》中的 0、6（6X）级；

④轴承游隙符合 GB/T 4604.1—2012《滚动轴承　游隙　第 1 部分：向心轴承的径向游隙》中的 N 组；

⑤轴为实心或厚壁钢制轴；

⑥轴承座为钢或铸铁件。

轴颈与轴承座孔的标准公差等级与轴承本身精度等级密切相关，与普通级、6 级轴承配合的轴一般取 IT6，轴承座孔一般取 IT7。对旋转精度和运转平稳有较高要求的场合，轴取 IT5，轴承座孔取 IT6。与 5 级轴承配合的轴和轴承座孔均取 IT6，要求高的场合取 IT5；与 4 级轴承配合的轴取 IT5，轴承座孔取 IT6，要求更高的场合轴取 IT4，轴承座孔取 IT5。

5.3　滚动轴承与孔、轴结合的配合选用

5.3.1　配合选用的依据

正确合理地选用滚动轴承与轴颈和轴承座孔的配合，对保证机器正常运转、提高轴承的使用寿命、充分发挥其承载能力关系很大。因此，选用轴与轴承座孔公差带时，要以轴承的运转条件、载荷大小，轴承的类型和尺寸，工作条件，轴和轴承座孔材料以及轴承装拆等为依据。

（1）承载情况

由于滚动轴承是一种把相对转动的轴支承在壳体上的标准部件，机械构件中的轴一般都可传递动力，因此滚动轴承的内圈和外圈（统称套圈）都要受到力（载荷）的作用。对于工程中轴承所受的合成径向载荷进行分析可知，在轴承运转时，轴承所受的合成径向载荷可有以下两种情况：①作用在轴承上的合成径向载荷为一定值向量 P_0，该向量与该轴承的外圈或内圈相对静止，其示意图分别如图 5.5(a)或(b)所示；②作用在轴承上的合成径向载荷，是由一个与轴承某套圈相对静止的定值向量 P_0 和一个较小的相对旋转的定值向量 P_1 合成的。其中定值向量与轴承外圈相对静止的示意图，如图 5.5(c)所示，而定值向量与轴承内圈相对静止的示意图，如图 5.5(d)所示。

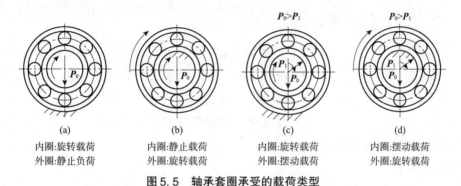

(a)	(b)	(c)	(d)
内圈:旋转载荷	内圈:静止载荷	内圈:旋转载荷	内圈:摆动载荷
外圈:静止负荷	外圈:旋转载荷	外圈:摆动载荷	外圈:旋转载荷

图 5.5　轴承套圈承受的载荷类型

对上述各种情况的轴承内、外圈分别进行受力分析，轴承套圈承受以下三种类型载荷。

①静止载荷

轴承运转时，作用于轴承上的合成径向载荷向量若与某套圈相对静止，通过受力分析可知，该载荷将始终方向不变地作用在该套圈的局部滚道上，此时，该套圈所承受的载荷就称为静止载荷。显然，图 5.5(a)中的轴承外圈和(b)中的轴承内圈所承受的径向载荷都是静止载荷。

②旋转载荷

轴承运转时，作用于轴承上的合成径向载荷向量若与某套圈相对旋转，并顺次作用在该套圈的整个圆周滚道上，此时，该套圈所承受的载荷就称为旋转载荷。显然，图 5.5 中(a)和(c)的轴承内圈、图 5.5(b)和(d)的轴承外圈所承受的径向载荷都是旋转载荷。

③摆动载荷

摆动载荷也称为方向不定载荷。轴承运转时，作用于轴承上的合成径向载荷向量如果在某套圈滚道的一定区域内相对摆动，则它连续摆动地作用在该套圈的局部滚道上，此套圈所承受的载荷就称为摆动载荷。现在我们对图 5.5(c)的轴承外圈和图 5.5(d)的轴承内圈进行受力分析：由于被研究对象同时受一个定向载荷 P_0 和一个旋转载荷 P_1 的作用，故以 O' 为力的作用点，画出以上两载荷的向量，见图 5.5 的 P_0、P_1。利用力的平行四边形公理，将旋转到各种位置的向量 P_0 与 P_1 合成，可以得出其合成径向载荷向量 P 的箭头端点的轨迹为一个圆，该圆的圆心为定向载荷向量 P_0 的箭头端点，半径为旋转载荷向量 P_1 的长度。过 O' 作该圆的两条切线，分别与该圆相切于 A'、B'，弧 $A'B'$ 即为摆动载荷作用

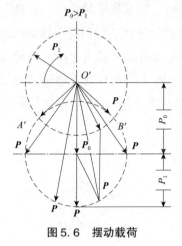

图5.6　摆动载荷

区，如图 5.6 所示。可见图 5.5(c) 的轴承外圈和(d) 的轴承内圈所承受的合成径向载荷是在其一段局部滚道内相对摆动的，此时它们所承受的载荷为摆动载荷。

当套圈受静止载荷时，其配合一般应选得松些，甚至可有不大的间隙，以便在滚动体摩擦力矩的作用下，使套圈有可能产生少许转动。从而改变受力状态，使滚道磨损均匀，延长轴承的使用寿命。一般选用具有极小间隙的间隙配合。

当套圈受旋转载荷时，为了防止套圈在轴颈上或外壳孔的配合表面上打滑，引起配合表面发热、磨损，配合应选得紧些，一般选用过盈量较小的过盈配合。

当套圈受摆动载荷时，选择配合的松紧程度，一般与受旋转载荷的配合相同或稍松些。

（2）载荷大小

滚动轴承套圈与轴或外壳孔配合的最小过盈，取决于载荷的大小。一般把径向载荷 $P_r \leqslant 0.06C_r$ 的称为轻载荷；$0.06C_r < P_r \leqslant 0.12C_r$ 称为正常载荷；$P_r > 0.12C_r$ 的称为重载荷。其中，P_r 为径向当量动载荷，C_r 为轴承的额定动载荷。

当内圈承受旋转载荷时，它与轴颈配合所需的最小过盈 Y'_{min}(mm) 按式(5.1) 近似计算

$$Y'_{min} = -\frac{13P \cdot k}{10^6 b} \tag{5.1}$$

式中，P 为轴承承受的最大径向载荷，kN；k 为与轴承系列有关的系数，轻系列 $k=2.8$，中系列 $k=2.3$，重系列 $k=2.0$；b 为轴承内圈的配合宽度($b = B - 2r$，B 为轴承宽度，r 为内圈倒角)，m。

为避免套圈破裂，必须按不超出套圈允许的强度计算其最大过盈 Y'_{max}(mm)，即

$$Y'_{max} = -\frac{11.4kd[\sigma_P]}{(2k-2)10^3} \tag{5.2}$$

式中，$[\sigma_P]$ 为被研究轴承套圈材料的允许拉应力，10^5Pa；d 为轴承内圈直径，m；k 的含义同式(5.1)。

根据计算得到 Y'_{min}，便可从国家标准"极限与配合"表中选取最接近的配合，但该配合应保证其 $Y_{max} \geqslant Y'_{max}$。不过，上述计算公式的安全裕度较大，按计算结果选择的配合往往过紧。

（3）轴承的工作条件

主要应考虑轴承的工作温度以及旋转精度和旋转速度对配合的影响。

①工作温度的影响

轴承运转时，由于摩擦发热和其他热源影响，使轴承套圈的温度经常高于与其相结合零件的温度。因此轴承内圈因热膨胀而与轴的配合可能松动，外圈因热膨胀而与壳体孔的配合可能变紧。所以在选择配合时，必须考虑温度的影响，并加以修正。

②旋转精度和旋转速度的影响

机器要求有较高的旋转精度时，相应地要选用较高精度等级的轴承，因此，与轴承相配合的轴和壳体孔，也要选择较高精度的标准公差等级。

对于承受载荷较大且要求较高旋转精度的轴承，为了消除弹性变形和振动的影响，应该避免采用间隙配合。而对一些精密机床的轻载荷轴承，为了避免孔和轴的形状误差对轴承精度的影响，常采用有间隙的配合。此外，当轴承旋转精度要求较高时，为了消除弹性变形和振动的影响，不仅受旋转载荷的套圈与互配件的配合应选得紧些，就是受定向载荷的套圈也应紧些。

关于轴承的旋转速度对配合的影响，一般认为，轴承的旋转速度愈高，配合应该愈紧。

（4）轴和外壳孔的结构与材料

为了安装和装卸方便，可以选用剖分式外壳，如果剖分式外壳孔与外圈采用的配合较紧，会使外圈产生椭圆变形，因此，宜采用较松配合。当轴承安装在薄壁外壳、轻合金外壳或薄壁的空心轴上时，为了保证轴承工作有足够的支承刚度和强度，所采用的配合，应比装在厚壁外壳、铸铁外壳或实心轴上紧些。

（5）安装和拆卸轴承的条件

考虑轴承安装与拆卸方便，宜采用较松的配合，对重型机械用的大型和特大型轴承，这点尤为重要。如要求装卸方便，而又需紧配时，可采用分离型轴承，或内圈带锥孔、带紧定套和退卸套的轴承。

除上述条件外，还应考虑：当要求轴承的内圈或外圈能沿轴向移动时，该内圈与轴或外圈与外壳孔的配合，应选较松的配合。滚动轴承的尺寸愈大，选取的配合应愈紧。滚动轴承的工作温度高于100℃，应对所选的配合进行适当修正。

5.3.2 配合的选用

滚动轴承与轴、外壳孔配合的选用方法有类比法和计算法，通常用类比法。表5.5～表5.8列出了 GB/T 275—2015 规定的向心轴承、推力轴承与轴、轴承座孔配合的轴、孔公差带，供选用时参考。

表 5.5　向心轴承和轴的配合——轴公差带代号(GB/T 275—2015)

圆柱孔轴承					
载荷情况		举例	深沟球轴承、调心球轴承和角接触球轴承	圆柱滚子轴承和圆锥滚子轴承	调心滚子轴承	公差带
			轴承公称内径/mm			
内圈承受旋转载荷或摆动载荷	轻载荷	输送机、轻载齿轮箱	≤18 >18~100 >100~200 —	— ≤40 >40~140 >140~200	— ≤40 >40~100 >100~200	h5 j6① k6① m6①
	正常载荷	一般通用机械、电动机、泵、内燃机、正齿轮传动装置	≤18 >18~100 >100~140 >140~200 >200~280 —	≤40 >40~100 >100~140 >140~200 >200~400 —	— ≤40 >40~65 >65~100 >100~140 >140~280 >280~500	j5、js5 k5② m5② m6 n6 p6 r6
	重载荷	铁路机车车辆轴箱、牵引电机、破碎机等	—	>50~140 >140~200 >200 —	>50~100 >100~140 >140~200 >200	n6③ p6③ r6③ r7③
内圈承受固定载荷	所有载荷	内圈需在轴向易移动	非旋转轴上的各种轮子	所有尺寸		f6 g6
		内圈不需在轴向易移动	张紧轮、绳轮			h6 j6
仅有轴向载荷			所有尺寸			j6、js6

圆锥孔轴承				
所有载荷	铁路机车车辆油箱	装在退卸套上	所有尺寸	h8(IT6)④⑤
	一般机械传动	装在紧定套上	所有尺寸	h9(IT7)④⑤

注：①凡对精度有较高要求的场合,应用 j5、k5、m5 代替 j6、k6、m6。

②圆锥滚子轴承、角接触球轴承配合对游隙影响不大,可用 k6、m6 代替 k5、m5。

③重载荷下轴承游隙应选大于 N 组的游隙。

④凡有较高精度或转速要求的场合,应选用 h7(IT5)代替 h8(IT6)等。

⑤IT6、IT7 表示圆柱度公差数值。

表 5.6 向心轴承和轴承座孔的配合——孔公差带代号(GB/T 275—2015)

载荷情况		举例	其他状况	公差带①	
				球轴承	滚子轴承
外圈承受固定载荷	轻、正常、重	一般机械、铁路机车车辆轴箱	轴向易移动,可采用剖分式轴承座	H7、G7②	
	冲击		轴向能移动,可采用整体或剖分式轴承座	J7、Js7	
摆动载荷	轻、正常	电动机、泵、曲轴主轴承		K7	
	正常、重				
	重、冲击	牵引电机		M7	
外圈承受旋转载荷	轻	皮带张紧轮	轴向不移动,采用整体式轴承座	J7	K7
	正常	轮毂轴承		M7	N7
	重			—	N7、P7

注:①并列公差带随尺寸的增大从左至右选择,对旋转精度有较高要求时,可相应提高一个公差等级。
②不适用于剖分式轴承座。

表 5.7 推力轴承和轴的配合——轴公差带代号(GB/T 275—2015)

载荷情况		轴承类型	轴承公称内径/mm	公差带
仅有轴向载荷		推力球和推力圆柱滚子轴承	所有尺寸	j6、js6
径向和轴向联合载荷	轴圈承受固定载荷	推力调心滚子轴承、推力角接触球轴承、推力圆锥滚子轴承	≤250	j6
			>250	js6
	轴圈承受旋转载荷或方向不定载荷		≤200	k6①
			>200～400	m6
			>400	n6

注:①要求较小过盈时,可分别用 j6、k6、m6 代替 k6、m6、n6。

表 5.8 推力轴承和轴承座孔的配合——孔公差带代号(GB/T 275—2015)

载荷情况		轴承类型	公差带	备注
仅有轴向载荷		推力球轴承	H8	
		推力圆柱、圆锥滚子轴承	H7	
		推力调心滚子轴承	—	轴承座孔与座圈间间隙为 0.001D(D 为轴承公称外径)
固定的座圈载荷	径向和轴向联合载荷	推力角接触球轴承、推力调心滚子轴承、推力圆锥滚子轴承	H7	—
旋转的座圈载荷或摆动载荷			K7	一般工作条件
			M7	有较大径向载荷时

5.3.3 配合表面的其他技术要求

为了保证轴承正常运转,除了正确地选择轴承与轴颈和轴承座孔的配合以外,还应对轴颈及轴承座孔的配合表面几何公差及表面粗糙度提出要求。

互换性技术基础

因轴承套圈为薄壁件，易变形，为保证轴承安装正确、转动平稳，轴径和轴承座孔应分别采用包容要求，并对表面提出圆柱度要求。为了保证轴承工作时有较高的旋转精度，标准规定了轴肩和轴承孔肩的轴向圆跳动公差，用来限制与套圈端面接触的轴肩及轴承孔肩的倾斜，从而避免轴承装配后滚道位置不正，旋转不平稳。圆柱度、轴向圆跳动公差值如表5.9所示。

表5.9 轴和轴承座孔的几何公差(GB/T 275—2015)

公称尺寸/mm		圆柱度 t /μm				轴向圆跳动 t_1 /μm			
		轴颈		外壳孔		轴肩		外壳孔肩	
		轴承公差等级							
		普通级	6(6X)	普通级	6(6X)	普通级	6(6X)	普通级	6(6X)
>	≤	公差值							
—	6	2.5	1.5	4	2.5	5	3	8	5
6	10	2.5	1.5	4	2.5	6	4	10	6
10	18	3	2	5	33	8	5	12	8
18	30	4	2.5	6	4	10	6	15	10
30	50	4	2.5	7	4	12	8	20	12
50	80	5	3	8	5	15	10	25	15
80	120	6	4	10	6	15	10	25	15
120	180	8	5	12	8	20	12	30	20
180	250	10	7	14	10	20	12	30	20
250	315	12	8	16	12	25	15	40	25
315	400	13	9	18	13	25	15	40	25
400	500	15	10	20	15	25	15	40	25

轴和轴承座孔表面粗糙，会使有效过盈量减小，使接触刚度下降而导致支承不良。因此，还对轴和孔的配合表面提出了表面粗糙度要求，如表5.10所示。

表5.10 配合面及端盖的表面粗糙度(GB/T 275—2015)

轴或轴承座孔直径/mm		轴或轴承座孔配合表面直径公差等级					
		IT7		IT6		IT5	
		表面粗糙度 Ra/μm					
>	≤	磨	车	磨	车	磨	车
—	80	1.6	3.2	0.8	1.6	0.4	0.8
80	500	1.6	3.2	1.6	3.2	0.8	1.6
500	1250	3.2	6.3	1.6	3.2	1.6	3.2
端面		3.2	6.3	3.2	6.3	1.6	3.2

5.3.4　滚动轴承配合选用举例

例 5.1　某一圆柱齿轮减速器的小齿轮轴，如图 5.7 所示。要求齿轮轴的旋转精度比较高，两端装有 6 级单列向心球轴承(型号 6308)，轴承尺寸为：$40 \times 90 \times 23\,(\text{mm})$，额定动载荷 C 为 32000N，轴承承受的当量径向载荷 $P = 4000\text{N}$。试用类比法确定轴颈和轴承座孔的公差带代号，画出公差带图，并确定孔、轴的几何公差值和表面粗糙度参数值，将它们分别标注在装配图和零件图上。

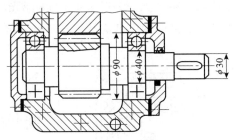

图 5.7　圆柱齿轮减速器传动轴

解　情况分析：由题意可知，小齿轮轴的轴承内圈与小齿轮轴一起旋转，外圈装在减速器箱的剖分式壳体中，不旋转。而齿轮减速器通过齿轮传递扭矩，小齿轮轴的轴承主要承受齿轮传递的径向力，为静止载荷。因此，该轴承内圈相对于载荷方向旋转，承受旋转载荷，它与轴颈的配合应较紧；其外圈相对载荷静止，承受静止载荷，它与外壳孔的配合应该较松。另外，由于已知该轴承的额定动载荷 $C = 32000\text{N}$，轴承承受的当量径向载荷 $P = 4000\text{N}$，所以 $P/C = 4000/32000 = 0.13$，为正常载荷。

根据以上情况分析和题中给出的轴承型号和尺寸，可从表 5.2 和表 5.3 中选取轴颈公差带为 k5，轴承座孔公差带为 H7，但由于小齿轮轴的旋转精度要求比较高，故应选用 H6 代替 H7。

由表 5.1 查出轴承内、外圈平均直径上、下极限偏差，再从极限与配合标准中查出 k5 和 H6 的上、下极限偏差，画出公差带，如图 5.8 所示。

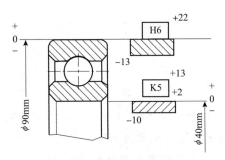

图 5.8　轴承与孔、轴配合的公差带

从图中可得出轴承内圈与轴配合的：

$$Y_{\max} = EI - es = (-10) - (+13) = -23\,\mu\text{m}$$

$$Y_{\min} = ES - ei = 0 - (+2) = -2\,\mu\text{m}$$

轴承外圈与孔配合的：

$$X_{max} = ES - ei = (+22) - (-13) = +35\mu m$$

$$X_{min} = EI - es = 0 - 0 = 0\mu m$$

按表5.9选取几何公差值：轴颈圆柱度公差为0.0025mm，轴肩轴向圆跳动公差为0.008mm；轴承座孔圆柱度公差为0.006mm，端面轴向圆跳动公差为0.015mm。

按表5.10选取轴颈和轴承座孔的表面粗糙度数值：轴颈 $Ra \leqslant 0.4\mu m$，轴肩端面 $Ra \leqslant 1.6\mu m$，轴承座孔颈表面 $Ra \leqslant 1.6\mu m$，孔端面 $Ra \leqslant 3.2\mu m$。

将选择的各项公差要求标注在图样上，如图5.9(b)(c)所示。

由于轴承是标准件，因此，在装配图上只需标出轴颈和轴承座孔的公差带代号，如图5.9(a)所示。

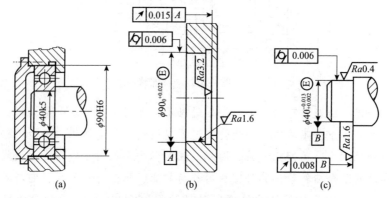

图5.9 轴承配合、轴径和外壳孔的公差标注

习题五

1. 为了保证滚动轴承的工作性能，其内圈与轴颈配合、外圈与轴承座孔配合，应满足什么要求？

2. 向心球轴承的精度分几级？划分的依据是什么？用得最多的是哪些等级？

3. 滚动轴承内圈与轴颈、外圈与轴承座孔的配合，分别采用何种基准制？有什么特点？

4. 滚动轴承内圈内径公差带分布有何特点？为什么？

5. 根据滚动轴承套圈相对于载荷方向的不同，怎样选择轴承内圈与轴颈配合和外圈与轴承座孔配合的性质和松紧程度？试举例说明。

6. 滚动轴承与轴颈及轴承座孔的配合在装配图上的标注有何特点？

7. 有一型号为6309的滚动轴承，内径为45mm，外径为100mm。内圈与轴颈的配合选为 j5，外圈与轴承座孔的配合为 H6。试画出配合的尺寸公差带图，并计算它们的极限过盈和间隙。

8. 如图5.10所示，某闭式传动的减速器传动轴上安装普通级609滚动轴承（内径

$\phi45$mm，外径 $\phi85$mm），其额定动载荷为 19700N。工作情况为：外壳固定，轴旋转，转速为 980r/min。承受的径向动载荷为 1300N。试确定：轴颈和轴承座孔的公差带代号，以及它们与滚动轴承配合的有关表面的几何公差和表面粗糙度参数值，并将各项公差要求标注在装配图和零件图上。

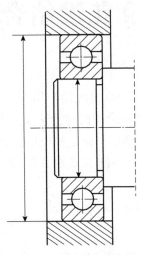

图 5.10　习题 8 配图

9. 某拖拉机变速箱输出轴的前轴承为轻系列单列向心球轴承(内径为 $\phi40$mm，外径为 $\phi80$mm)，试确定轴承的精度等级，选择轴承与轴和轴承座孔的配合，给出与滚动轴承配合的有关表面的几何公差和表面粗糙度参数值，并用简图将各项公差要求标注在装配图和零件图上。

第6章 键和花键结合的精度设计

键连接和花键连接是机械产品中普遍应用的结合方式之一，它用作轴和轴上传动件（如齿轮、皮带轮、手轮和联轴节等）之间的可拆连接，用以传递扭矩，有时也用作轴上传动件的导向。键又称单键，分为平键、半圆键和楔形键等几种，其中平键又可分为普通平键和导向平键。花键分为矩形花键和渐开线花键两种。其中平键和矩形花键应用比较广泛。

本章只讨论普通平键和矩形花键结合的精度设计。

6.1 平键结合的精度设计

6.1.1 平键连接的结构和主要几何参数

平键连接通过键的侧面与轴键槽和轮毂键槽的侧面相互接触来传递扭矩。键的上表面和轮毂键槽间留有一定的间隙，其结构如图6.1所示。在其剖面尺寸中，b 为键和键槽（包括轴槽和轮毂槽）的宽度，t_1 和 t_2 分别为轴槽和轮毂槽的深度，L 和 h 分别为键的长度和高度，d 为轴和轮毂直径。在设计平键连接时，轴径 d 确定后，平键的规格参数也就根据轴径 d 确定了（表6.1）。

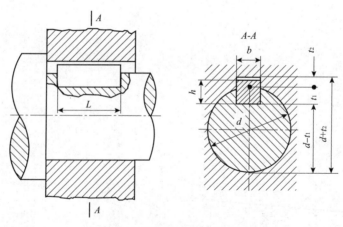

图6.1 平键连接的几何参数

表 6.1 平键和键槽剖面尺寸与极限偏差(GB/T 1095—2003 和 GB/T 1096—2003)

公称直径 d[①]	键尺寸 $b \times h$	键 宽度 极限偏差 b：h8	键 高度 极限偏差 h：h11 (h8)[②]	键槽 宽度 b 公称尺寸	键槽 宽度 b 正常连接 轴 N9	键槽 宽度 b 正常连接 毂 JS9	键槽 宽度 b 紧密连接 轴和毂 P9	键槽 宽度 b 松连接 轴 H9	键槽 宽度 b 松连接 毂 D10	键槽 深度 轴 t_1 公称尺寸	键槽 深度 轴 t_1 极限偏差	键槽 深度 毂 t_2 公称尺寸	键槽 深度 毂 t_2 极限偏差
自 6~8	2×2	0 −0.014	(0 −0.014)	2	−0.004 −0.029	±0.0125	−0.006 −0.031	+0.025 0	+0.060 +0.020	1.2	+0.1 0	1.0	+0.1 0
>8~10	3×3			3						1.8		1.4	
>10~12	4×4	0 −0.018	(0 −0.018)	4	0 −0.030	±0.015	−0.012 −0.042	+0.030 0	+0.078 +0.030	2.5		1.8	
>12~17	5×5			5						3.0		2.3	
>17~22	6×6			6						3.5		2.8	
>22~30	8×7	0 −0.022	0 −0.090	8	0 −0.036	±0.018	−0.015 −0.051	+0.036 0	+0.098 +0.040	4.0		3.3	
>30~38	10×8			10						5.0		3.3	
>38~44	12×8	0 −0.027		12	0 −0.043	±0.0215	−0.018 −0.061	+0.043 0	+0.120 +0.050	5.0		3.3	
>44~50	14×9			14						5.5		3.8	
>50~58	16×10			16						6.0	+0.2 0	4.3	+0.2 0
>58~65	18×11			18						7.0		4.4	
>65~75	20×12	0 −0.033	0 −0.110	20	0 −0.052	±0.026	−0.022 −0.074	+0.052 0	+0.149 +0.065	7.5		4.9	
>75~85	22×14			22						9.0		5.4	
>85~95	25×14			25						9.0		5.4	
>95~110	28×16			28						10.0		6.4	

注：①公称直径 d(轴颈的直径)标准中未给，此处给出供使用者参考。

②平键的截面形状为矩形时，高度 h 公差带为 h11；截面形状为方形时，其高度 h 公差带为 h8。

6.1.2 平键连接的公差与配合

在平键连接中，键宽和键槽宽 b 是配合尺寸，应规定较严格的公差。其他尺寸(如键高 h 等)非配合尺寸公差也相应地做了规定。

(1)配合尺寸的公差带

键由型钢制成，是标准件，相当于公差与配合中的轴。因此，键宽和键槽宽采用基轴制配合。GB/T 1095—2003《平键 键槽的剖面尺寸》和 GB/T 1096—2003《普通型 平键》对键宽规定一种公差带，对轴和轮毂的键槽宽各规定三种公差带，构成三组配合，如表 6.1 所示，以满足各种不同用途的需要。键宽与键槽宽 b 的公差带如图 6.2 所示。三组配合的应用场合如表 6.2 所示。

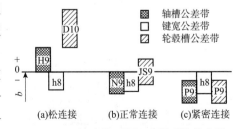

图 6.2 平键连接不同配合类型的公差带

表 6.2　平键连接的三组配合及其应用

配合种类	宽度 b 的公差带			应用
	键	轴键槽	轮毂键槽	
松连接		H9	D10	用于导向平键，轮毂在轴上移动
正常连接	h8	N9	JS9	轴在轴键槽中和轮毂键槽中均固定，用于载荷不大的场合
紧密连接		P9	P9	键在轴键槽中和轮毂键槽中均固定，用于载荷较大、有冲击和双向转矩的场合

（2）非配合尺寸的公差带

平键连接的非配合尺寸中，轴键槽深 t_1 和轮毂键槽深 t_2 的公差如表 6.1 所示，键高 h 的公差带采用 h11，键长 l 的公差带采用 h14，轴键槽长度 L 的公差带采用 H14。

6.1.3　平键连接的公差选用与标注

（1）平键连接的公差与配合选用

平键连接的配合选用，主要是根据使用要求和应用场合确定其配合种类。

对于导向平键应选用较松键连接，因为在这种结合方式中，由于几何误差的影响，使键（h8）与轴槽（H9）的配合实际上为不可动连接，而键与轮毂槽（D10）的配合间隙较大，因此，轮毂可以相对轴移动。

对于承受重载荷、冲击载荷或双向扭矩的情况，应选用紧密键连接，因为这时键（h8）与键槽（P9）配合较紧，再加上几何误差的影响，使之结合紧密、可靠。

除了上述两种情况外，对于承受一般载荷，考虑拆装方便，应选用正常键连接。

（2）几何公差与表面粗糙度选用

选用平键连接时，还应考虑其配合表面的几何误差和表面粗糙度的影响。

为保证键侧与键槽侧面之间有足够的接触面积和避免装配困难，应分别规定轴槽和轮毂槽的对称度公差。对称度公差按 GB/T 1184—1996《形状和位置公差　未注公差值》确定，一般取 7～9 级。对称度公差的公称尺寸是指键宽 b。

键槽配合面的表面粗糙度 Ra 上限值一般取 1.6～3.2 μm，非配合表面取 6.3 μm。

（3）键槽尺寸与公差在图样上的标注

轴槽和轮毂槽的剖面尺寸、几何公差及表面粗糙度在图样上的标注如图 6.3 所示，其中图 6.3（a）为轴槽标注示例，图 6.3（b）为轮毂槽标注示例。

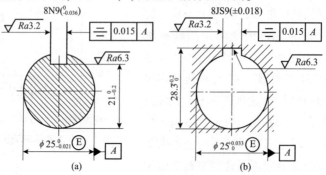

图 6.3　键槽标注示例

6.2 矩形花键结合的精度设计

花键可以看成是由几个键和轴组成的连接体。与单键连接相比，具有刚性好、定心精度高、导向性能好、传递扭矩大等优点，在机械工业中被广泛应用。花键分为内花键（花键孔）和外花键（花键轴）两类。按齿形截面不同分为矩形花键、渐开线花键和三角形花键三种，其中，矩形花键应用最广泛。

国标规定了矩形花键连接的尺寸系列、定心方式、公差与配合及标注方法。为便于加工和测量，矩形花键的键数为偶数，有 6、8、10 三种。按承载能力不同，矩形花键可分为中、轻两个系列，中系列的键高尺寸较大，承载能力强；轻系列的键高尺寸较小，承载能力相对较低。矩形花键的公称尺寸系列如表 6.3 所示。

表 6.3 矩形花键公称尺寸系列（GB/T 1144—2001）   mm

小径 d	轻系列				中系列			
	规格 $N \times d \times D \times B$	键数 N	大径 D	键宽 B	规格 $N \times d \times D \times B$	键数 N	大径 D	键宽 B
11					$6 \times 11 \times 14 \times 3$	6	14	3
13					$6 \times 13 \times 16 \times 3.5$		16	3.5
16	—	—	—	—	$6 \times 16 \times 20 \times 4$		20	4
18					$6 \times 18 \times 22 \times 5$		22	5
21					$6 \times 21 \times 25 \times 5$		25	
23	$6 \times 23 \times 26 \times 6$	6	26	6	$6 \times 23 \times 28 \times 6$		28	6
26	$6 \times 26 \times 30 \times 6$		30		$6 \times 26 \times 32 \times 6$		32	
28	$6 \times 28 \times 32 \times 7$		32	7	$6 \times 28 \times 34 \times 7$		34	7
32	$8 \times 32 \times 36 \times 6$	8	36	6	$8 \times 32 \times 38 \times 6$	8	38	6
36	$8 \times 36 \times 40 \times 7$		40	7	$8 \times 36 \times 42 \times 7$		42	7
42	$8 \times 42 \times 46 \times 8$		46	8	$8 \times 42 \times 48 \times 8$		48	8
46	$8 \times 46 \times 50 \times 9$		50	9	$8 \times 46 \times 54 \times 9$		54	9
52	$8 \times 52 \times 58 \times 10$		58	10	$8 \times 52 \times 60 \times 10$		60	10
56	$8 \times 56 \times 62 \times 10$		62		$8 \times 56 \times 65 \times 10$		65	
62	$8 \times 62 \times 68 \times 12$		68	12	$8 \times 62 \times 72 \times 12$		72	12
72	$10 \times 72 \times 78 \times 12$	10	78		$10 \times 72 \times 82 \times 12$	10	82	
82	$10 \times 82 \times 88 \times 12$		88		$10 \times 82 \times 92 \times 12$		92	
92	$10 \times 92 \times 98 \times 14$		98	14	$10 \times 92 \times 102 \times 14$		102	14

6.2.1　矩形花键的几何参数和定心方式

矩形花键连接的几何参数有大径 D、小径 d 和键数 N、键槽宽 B，如图 6.4 所示，其中图 6.4(a) 为内花键，图 6.4(b) 为外花键。

在实际应用中，要使花键连接的三个结合面，即大径、小径和键侧同时精确地配合，显然比较困难，事实上也没有必要。在制造中，一般只将一个尺寸制造精确，作为主要配合尺寸，来确定内、外花键的配合性质。确定配合性质的结合面称为定心表面，理论上每个结合面都可作为定心表面。花键结合面的硬度要求较高，需要淬火处理。为保证定心表面的尺寸精度和形状精度，淬火后需要进行磨削加工。由于从加工工艺性考虑，小径便于磨削加工(内花键小径可在内圆磨床上磨削，外花键小径可用成型砂轮磨削)，因此，GB/T 1144—2001《矩形花键尺寸、公差和检验》中规定矩形花键以小径的结合面为定心表面，即小径定心，如图 6.5 所示。对定心直径(即小径 d)有较高的精度要求，对非定心直径(即大径 D)的精度要求较低，且有较大的间隙。但是对非定心的键和键槽侧面也要求有足够的精度，因为它们要传递扭矩和起导向作用。

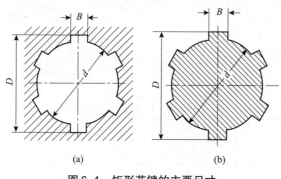

图 6.4　矩形花键的主要尺寸

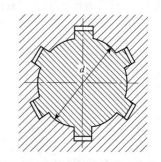

图 6.5　矩形花键连接的定心方式

6.2.2　矩形花键连接的公差与配合

矩形花键的公差与配合分为两种情况：一种为一般用途矩形花键；另一种为精密传动用矩形花键。其内、外花键的尺寸公差带如表 6.4 所示。

表 6.4　内、外花键的尺寸公差带(GB/T 1144—2001)

内花键				外花键			装配形式
d	D	\multicolumn{2}{}{B}	d	D	B	
		拉削后不热处理	拉削后热处理				
\multicolumn{8}{}{一般用}
H7	H10	H9	H11	f7	a11	d10	滑动
				g7		f9	紧滑动
				h7		h10	固定

续表

内花键				外花键			装配形式
d	D	B		d	D	B	
		拉削后不热处理	拉削后热处理				
精密传动用							
H5	H10	H7、H9		f5	a11	d8	滑动
				g5		f7	紧滑动
				h5		h8	固定
H6				f6		d8	滑动
				g6		f7	紧滑动
				h6		h8	固定

注：①精密传动用的内花键，当需要控制键侧配合间隙时，槽宽可选用 H7，一般情况下可选用 H9。

②d 为 H6 (F) 和 H7 (E) 的内花键，允许与提高一级的外花键配合。

为了减少加工和检验内花键用的花键拉刀和花键量规的规格和数量，矩形花键连接采用基孔制配合。

矩形花键装配形式分为固定连接、紧滑动连接和滑动连接三种。后两种连接方式，用于内、外花键之间工作时要求相对移动的情况，而固定连接方式，用于内、外花键之间无轴向相对移动的情况。由于几何误差的影响，实际上矩形花键各结合面的配合均比预定的要紧。一般传动用内花键拉削后再进行热处理，其键槽宽的变形不易修正，故公差要降低要求(由 H9 降为 H11)。对于精密传动用内花键，当连接要求键侧配合间隙较高时，槽宽公差带选用 H7，一般情况选用 H9。

定心直径 d 的公差带，在一般情况下，内、外花键取相同的公差等级。这个规定不同于普通光滑孔、轴的配合(一般情况下，孔比轴低一级)。主要是考虑到矩形花键采用小径定心，使加工难度由内花键转为外花键。在有些情况下，内花键允许与提高一级的外花键配合，公差带为 H7 的内花键可以与公差带为 f6、g6、h6 的外花键配合，公差带为 H6 的内花键，可以与公差带为 f5、g5、h5 的外花键配合，这主要是考虑矩形花键常用来作为齿轮的基准孔，在贯彻齿轮标准过程中，有可能出现外花键的定心直径公差等级高于内花键定心直径公差等级的情况。

6.2.3　矩形花键连接的公差选用与标注

(1)花键连接的公差与配合选用

花键连接的公差与配合选用主要是确定连接精度和装配形式。

连接精度的选用主要是根据定心精度要求和传递扭矩大小。精密传动用花键连接定心精度高，传递扭矩大而且平稳，多用于精密机床主轴变速箱，以及各种减速器中轴与齿轮花键孔(即内花键)的连接。

装配形式的选用首先根据内、外花键之间是否有轴向移动，确定选固定连接，还是滑动连接。对于内、外花键之间要求有相对移动，而且移动距离长、移动频率高的情况，应选用配合间隙较大的滑动连接。以保证运动灵活性及配合面间有足够的润滑油层，例如汽车、拖拉机等变速箱中的齿轮与轴的连接。对于内、外花键之间定心精度要求高、传递扭矩大或经常有反向转动的情况，则应选用配合间隙较小的紧滑动连接。对于内、外花键间无需在轴向移动，只用来传递扭矩，则应选用固定连接。

（2）几何公差和表面粗糙度

矩形内、外花键是具有复杂表面的结合件，并且键长与键宽的比值较大，几何误差是影响花键连接质量的重要因素，因而对其几何误差要加以控制。

内、外花键小径定心表面的几何公差和尺寸公差的关系遵守包容要求即Ⓔ。

为控制内、外花键的分度误差和对称度误差，一般应规定位置度公差，并采用相关要求。图样标注如图 6.6 所示，其位置度公差值如表 6.5 所示。

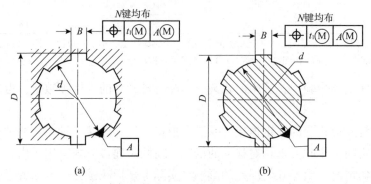

图 6.6　花键位置度公差标注

表 6.5　位置度公差 t_1（GB/T 1144—2001）　　　　　mm

键槽宽或键宽 B		3	3.5 ~ 6	7 ~ 10	12 ~ 18
键槽宽		0.010	0.015	0.020	0.025
键宽	滑动、固定	0.010	0.015	0.020	0.025
	紧滑动	0.006	0.010	0.013	0.016

在单件小批生产时，一般规定键或键槽两侧面的中心平面对定心表面轴线的对称度公差和花键等分度公差，并遵守独立原则，如图 6.7 所示。对称度公差值如表 6.6 所示。花键各键（键槽）沿 360°圆周均匀分布为它们的理想位置，允许它们偏离理想位置的最大值为花键均匀分度公差值，其值等于对称度公差值，所以花键等分度公差在图样上不必标注。

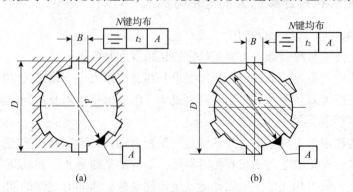

图 6.7　花键对称度公差标注

表6.6 对称度公差 t_2（GB/T 1144—2001） mm

键槽宽或键宽 B	3	3.5 ~ 6	7 ~ 10	12 ~ 18
一般用	0.010	0.012	0.015	0.018
精密传动用	0.006	0.008	0.009	0.011

对于较长的长键，应规定内花键各键槽侧面和外花键各键侧面对定心表面轴线的平行度公差，其公差值根据产品性能确定。

矩形花键各结合表面的表面粗糙度推荐值如表6.7所示。

表6.7 矩形花键表面粗糙度 Ra 推荐值 μm

加工表面	内花键	外花键
大径	6.3	3.2
小径	0.8	0.8
键侧	3.2	0.8

（3）矩形花键的图样标注

矩形花键在图样上标注内容为键数 N、小径 d、大径 D、键（槽）宽 B 的公差带或配合代号，并注明矩形花键标准号 GB/T 1144—2001。

例如，在装配图上有如下标注

$$6 \times 23 \frac{H7}{f7} \times 26 \frac{H10}{a11} \times 6 \frac{H11}{d10} \qquad GB/T\ 1144—2001$$

表示矩形花键的键数为6，小径尺寸及配合代号为 $23\frac{H7}{f7}$，大径尺寸及配合代号为 $26\frac{H10}{a11}$，键（槽）宽尺寸及配合代号为 $6\frac{H11}{d10}$。由表6.4可见，这是一般用途滑动矩形花键连接。相应的零件图标注应为：

内花键：$6 \times 23H7 \times 26H10 \times 6H11$ GB/T 1144—2001
外花键：$6 \times 23f7 \times 26a11 \times 6d10$ GB/T 1144—2001

矩形花键标注示例如图6.8所示。

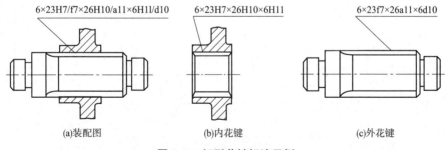

(a)装配图　　(b)内花键　　(c)外花键

图6.8 矩形花键标注示例

习题六

1. 平键连接的主要几何参数有哪些？

2. 平键连接的配合尺寸是什么？采用何种配合制？

3. 平键连接有几种配合类型？它们各应用在什么场合？

4. 平键连接的配合表面有哪些几何公差要求？几何公差和表面粗糙度的数值如何确定？

5. 矩形花键连接的结合面有哪些？定心表面是哪个？为什么？

6. 矩形花键连接各结合面的配合采用何种配合制？有几种装配形式？应用如何？

7. 某减速器中输出轴的伸出端与相配件孔的配合为 $\phi45\ H7/m6$，并采用了一般平键连接。试确定轴槽和轮毂槽的剖面尺寸及其极限偏差、键槽对称度公差和键槽表面粗糙度参数值，将各项公差值标注在零件图上。

8. 某车床床头箱中一变速滑动齿轮与轴的结合，采用矩形花键固定连接，花键的公称尺寸为 $6 \times 23 \times 26 \times 6$。齿轮内孔不需要热处理。试查表确定花键的大径、小径和键宽的公差带，并画出公差带图。

9. 试查出矩形花键配合 $6 \times 28\ \dfrac{H5}{f5} \times 32\ \dfrac{H10}{a11} \times 7\ \dfrac{H9}{d8}$ 中的内花键、外花键的极限偏差，画出公差带图，并指出该矩形花键配合的用途及装配形式。

10. 矩形花键连接在装配图上的标注为 $6 \times 23\ \dfrac{H7}{g7} \times 26\ \dfrac{H10}{a11} \times 6\ \dfrac{H11}{d10}$，试确定该花键属于哪一系列及何传动类型，查出内、外花键主要尺寸的公差带值及键（槽）宽的对称度公差，并画出内、外花键截面图，注出尺寸公差及几何公差值。

第7章 圆柱齿轮精度设计

7.1 概述

在机械产品中，齿轮是使用最多的传动元件，齿轮传动的工作性能、承载能力、使用寿命等都与齿轮的制造精度和装配精度密切相关。尤其是渐开线圆柱齿轮应用更为广泛，因此本章主要讨论渐开线圆柱齿轮的精度设计。

7.1.1 齿轮传动的使用要求

齿轮传动的类型多、应用广泛，但都是用来传递运动或动力的，其使用要求主要有以下四个方面：

（1）传递运动的准确性

传递运动的准确性是指齿轮在一转范围内，传动比的变化不超过一定范围。可用齿轮在一转范围内产生的最大转角误差 $\Delta\varphi_\Sigma$ 来表示，如图 7.1 所示的一对齿轮，若主动轮的齿距没有误差，而从动齿轮存在齿距不均匀误差，则从动齿轮一转过程中将形成最大转角误差 $\Delta\varphi_\Sigma$，从而使速比相应产生最大变动量，传递运动不准确。

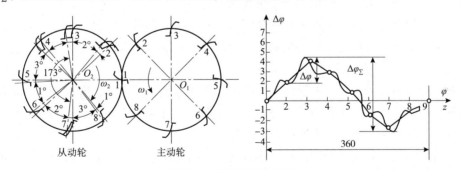

图 7.1 转角误差示意图

（2）传递运动的平稳性

传递运动的平稳性是指齿轮在一齿转角范围内，瞬时传动比变化不超过一定的范围。可以用齿轮在一齿范围内的最大转角误差 $\Delta\varphi$ 表示，如图 7.1 所示。与运动精度相比，它等于转角误差曲线上多次重复的小波纹的最大幅度值。

齿轮任一瞬时传动比的变化，将会使从动轮转速在不断变化，从而产生瞬时加速度和惯性冲击力，引起齿轮传动中的冲击、振动和噪声。

（3）载荷分布的均匀性

载荷分布的均匀性是要求齿轮啮合时，工作齿面接触良好，使齿面上的载荷分布均匀，避免载荷集中于局部齿面，减少齿面磨损，使齿轮传动有较高的承载能力和较长的使用寿命。

这项要求可用沿齿长和齿高方向上保证一定的接触区域来表示，如图 7.2 所示，对齿轮的此项精度要求又称为接触精度。

（4）侧隙的合理性

侧隙即齿侧间隙，是指在一对装配好的齿轮副中，齿轮啮合时相邻两个非工作齿面间的间隙。如图 7.3 所示，$j_{\omega t}$ 为非工作齿面间的节圆弧长，称为圆周侧隙；j_{bn} 为非工作齿面间的最短距离，称为法向侧隙。

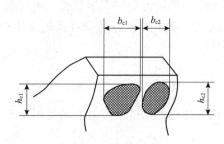

图 7.2　接触区域

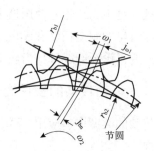

图 7.3　传动侧隙

合理的侧隙是为了储存润滑油，补偿齿轮受力变形、受热变形以及齿轮制造和安装误差等所必需的齿侧间隙，以保证齿轮传动的正常运转。齿侧间隙过小，齿轮在传动过程中可能会出现卡死或烧伤的现象；但齿侧间隙也不能过大，尤其是对于经常需要正反转的传动齿轮，齿侧间隙过大，会产生空程，引起换向冲击。

上述前三项要求是对齿轮本身的精度要求，而第四项是对齿轮副的要求。为了保证齿轮传动具有较好的工作性能，对上述四个方面均要有一定的要求，但由于齿轮传动的用途和工作条件不同，应有不同的侧重。

①对一般机械传动中常用的齿轮，如机床、通用减速器、汽车、拖拉机、内燃机车等行业用的齿轮，通常对上述各项精度的要求大体相同，对齿轮精度评定各项目可要求同样的精度等级，这种情况在工程实践中占大多数。

②对分度齿轮，如用于分度机构、读数机构中的齿轮，其特点是传动功率小、模数小和转速低，主要要求传递运动要准确，可对控制运动准确性精度的项目提出更高的要求。

③对高速动力齿轮，如用于机床、汽车的变速齿轮和汽轮机的减速齿轮，其特点是速度高，传递功率大，主要要求传动平稳，振动小、噪声低，应对控制平稳性精度的项目提出高要求。若传动载荷较大时，还要求齿面接触良好，载荷分布均匀。

④对低速重载齿轮，如用于矿山机械、起重机械、轧钢机等低速重载机械中的齿轮，其特点是传递功率大、转速低，主要要求齿面接触良好，载荷分布均匀，可对控制载荷分

布均匀性的项目要求高些。

⑤对齿轮副侧隙的要求，无论何种齿轮，为了保证齿轮正常运转都必须规定合理的间隙大小，尤其是仪器仪表中的齿轮传动，保证合适的侧隙尤为重要。

7.1.2　齿轮加工误差的来源

齿轮的各项偏差都是在加工过程中形成的，是由工艺系统中齿轮坯、齿轮机床、刀具等方面的工艺因素决定的。齿轮加工误差的来源主要包括以下几个方面。

(1)几何偏心 $e_{几}$

几何偏心是由齿坯基准孔与心轴的配合间隙及心轴自身的偏心等因素，造成齿坯基准孔轴线与机床工作台回转轴线不重合而引起的安装偏心(如图7.4中的 $e_{几}$)。加工时，齿坯基准孔轴线与滚刀间的径向距离做周期性的变动，在齿坯一转中的最大变化量为 $2e_{几}$。滚切出的齿轮，齿面位置相对于齿轮基准孔中心在径向发生了变化。工作时产生以一转为周期的转角误差，影响传递运动的准确性。

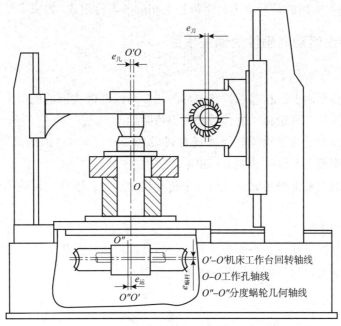

图7.4　滚齿加工示意图

(2)运动偏心 $e_{运}$

运动偏心是指机床分度蜗轮轴线与工作台回转轴线不重合造成的偏心(如图7.4中的 $e_{运}$)。切齿时，以一转为周期使蜗轮、工作台和齿坯产生不均匀回转，造成实际齿形沿齿轮轴线的圆周方向相对公称位置产生切向误差，影响传递运动的准确性。

(3)机床传动链的周期误差

对于直齿圆柱齿轮的加工，主要受传动链中分度机构各元件误差的影响，尤其是分度蜗杆的径向跳动(由分度蜗杆的安装偏心 $e_{蜗杆}$ 引起)和轴向窜动的影响，使工作台的转速在一转范围内产生多次变化，造成产品齿轮的齿距偏差和齿形误差。对于斜齿轮的加工，除了分度机构各元件误差外，还受差动链误差的影响。

(4)滚刀的加工误差与安装误差

滚刀本身的基节、齿形等制造误差会复映到被加工齿轮的每一齿上，使之产生齿距偏差和齿形误差。

7.2　圆柱齿轮精度的评定指标

图样上设计的齿轮都是理想的齿轮，但由于齿轮在加工过程中受各种因素的影响，必然存在误差。因此了解和掌握控制误差的评定指标，才能更好地完成齿轮的精度设计。在 GB/T 10095.1~2—2008 中，齿轮误差、偏差统称为偏差，将偏差与偏差允许值(公差)共用一个符号表示，例如 F_α 既表示齿廓总偏差，又表示齿廓总偏差的允许值。单项要素所用的偏差符号由小写字母加上相应的下标组成(如 f_{pt})；而表示若干单项要素偏差组成的"累积"或"总"偏差所用的符号由大写字母加上相应的下标组成(如 F_p)。

7.2.1　传递运动准确性的偏差项目

(1)齿距累积总偏差(F_p)

齿距是指在端平面上，在接近齿高中部的一个与齿轮轴线同心的圆上，两个同侧齿面间的弧长。实际弧长与理论弧长的代数差称为齿距偏差。

齿距累积总偏差是指齿轮同侧齿面任意弧段($k=1$ 到 $k=z$)内的最大齿距累积偏差。它表现为齿距累积偏差曲线的总幅值(如图 7.5 中的 F_p)。

齿距累积总偏差可反映齿轮一转过程中传动比的变化，因此它影响齿轮传递运动的准确性。

(2)齿距累积偏差(F_{pk})

齿距累积偏差是指任意 k 个齿距的实际弧长与理论弧长的代数差(如图 7.5 中的 F_{pk})，理论上它等于 k 个齿距的各单个齿距偏差的代数和。

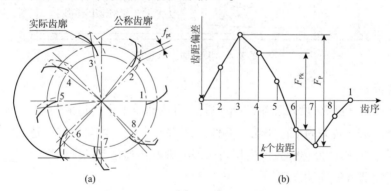

图 7.5　齿距偏差与齿距累计总偏差

除非另有规定，一般 F_{pk} 适用于齿距数 k 为 2 到 $z/8$ 的弧段内，通常 k 取 $z/8$ 就足够了。如果对于特殊应用(如高速齿轮)还需要检验较小弧段,并规定相应的 k 值。

齿距累积偏差反映了一转内任意 k 个齿距的最大变化,它直接反映齿轮的转角误差,是几何偏心和运动偏心的综合结果。因而可以较为全面地反映齿轮的传递运动准确性,是一项综合性的评定项目。对于齿数多且精度高的齿轮、非整圆齿轮(如扇形齿轮)、高速齿轮等可增加该检测参数。

(3)切向综合总偏差(F_i')

切向综合总偏差是指被测齿轮与测量齿轮单面啮合检验时,被测齿轮一转内,齿轮分度圆上实际圆周位移与理论圆周位移的最大差值(如图 7.6 中的 F_i')。

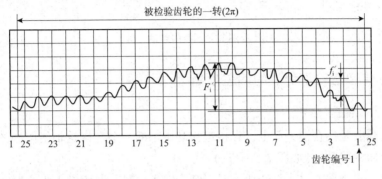

图 7.6　切向综合偏差

图 7.6 为在单面啮合测量仪上画出的切向综合偏差曲线图,横坐标表示被测齿轮转角,纵坐标表示偏差,如果被测齿轮没有偏差,偏差曲线应是与横坐标平行的直线,在齿轮一转范围内,过曲线最高、最低点作与横坐标平行的两条直线,则此平行线间的距离即为 F_i' 值,在检测过程中,只有同侧齿面单面接触。

F_i' 是齿轮传递运动准确性精度的可选检查项目。

(4)径向综合总偏差(F_i'')

径向综合总偏差是在径向(双面)综合检验时,被测齿轮的左右齿面同时与测量齿轮接触,并转过一整圈时出现的中心距最大值和最小值之差(如图 7.7 中的 F_i'')。

图 7.7 为在双啮仪上测量画出的 F_i'' 偏差曲线,横坐标表示齿轮转角,纵坐标表示偏差,过

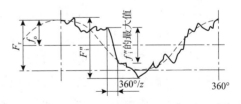

图 7.7　径向综合偏差

曲线最高、最低点作平行于横轴的两条直线,该两平行线距离即为 F_i'' 值,在检测过程中,两侧齿面同时接触。

F_i'' 是齿轮传递运动准确性精度的可选检查项目。

(5)径向跳动(F_r)

齿轮径向跳动为测头(球形、圆柱形、锥形)相继置于每个齿槽内时,从它到齿轮轴线的最大和最小径向距离之差(如图 7.8 中的 F_r)。检查时测头在近似齿高中部与左、右齿面接触,根据测量数值可画出如图 7.8(b)所示的径向跳动曲线图,图中偏心量是径向跳动的一部分。

F_r 主要反映齿轮的几何偏心，它是齿轮传递运动准确性精度的可选检查项目。

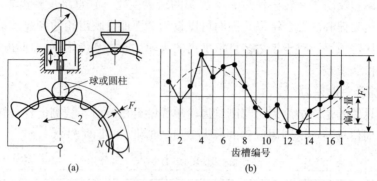

图 7.8　径向跳动

7.2.2　传递运动平稳性的偏差项目

（1）单个齿距偏差（f_{pt}）

单个齿距偏差是指在端平面上，在接近齿高中部的一个与齿轮轴线同心的圆上，实际齿距与理论齿距的代数差（如图 7.5 中 f_{pt}）。

当齿轮存在齿距偏差时，会造成一对齿啮合完了而另一对齿进入啮合时，主动齿与被动齿发生冲撞，影响齿轮传动的平稳性。

（2）齿廓总偏差（F_α）

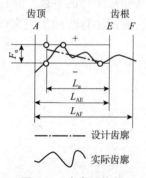

图 7.9　齿廓总偏差

齿廓偏差是指在端平面内且垂直于渐开线齿廓的方向上，实际齿廓偏离设计齿廓的量。

齿廓总偏差是指在计值范围 L_α 内，包容实际齿廓迹线的两条设计齿廓迹线间的距离（如图 7.9 中的 F_α）。

图 7.9 中曲线表示实际齿廓迹线，点划线表示设计齿廓，设计齿廓是指符合设计规定的齿廓，当无其他限定时，是指端面齿廓，未经修形的渐开线齿廓迹线一般为直线。L_{AF} 表示可用长度，其大小等于两条端面基圆切线长度之差，即齿顶、齿顶倒棱或齿顶倒圆的起始点（A 点）到齿根或挖根的起始点（F 点）之间的距离。对应于有效齿廓的那部分可用长度 L_{AE} 称为有效长度 L_{AE}，即齿顶、齿顶倒棱或齿顶倒圆的起始点（A 点）到与之配对齿轮的有效啮合的终点 E 点（即有效齿廓的起始点，如不知道配对齿轮，则 E 点为与基本齿条啮合的有效齿廓的起始点。）之间的距离。

除另有规定外，从 E 点开始的有效长度的 92% 为齿廓计值范围 L_α。过实际齿廓迹线最高点和最低点的两条设计齿廓迹线间的距离即为 F_α。

齿廓总偏差 F_α 主要影响齿轮传动平稳性精度，齿廓偏差会使齿轮传动过程中一齿范围内传动比的变化，引起振动和噪声。

（3）一齿切向综合偏差（f_i'）

一齿切向综合偏差是指在一个齿距内的切向综合偏差值（如图 7.6 中的 f_i'），即被测齿轮在一个齿距内，齿轮分度圆上实际圆周位移与理论圆周位移的最大差值。

在切向综合偏差曲线图(图7.6)中，在齿轮一齿范围内，过曲线最高、最低点作与横坐标平行的两条直线，则此平行线间的距离即为f'_i值。

f'_i是齿轮传递运动平稳性精度的可选检查项目。

(4)一齿径向综合偏差(f''_i)

一齿径向综合偏差是当被测齿轮啮合一整圈时，对应一个齿距($360°/z$)的径向综合偏差值(如图7.7中的f''_i)。被测齿轮所有轮齿的f''_i的最大值不应超过规定的允许值。

f''_i是齿轮传递运动平稳性精度的可选检查项目。

7.2.3 载荷分布均匀性的偏差项目

载荷分布均匀性的必检参数为螺旋线总偏差(F_β)，该参数反映齿轮在齿宽方向上的接触精度。

螺旋线偏差是指在齿轮的端面基圆切线方向上测得的实际螺旋线偏离设计螺旋线的量。

螺旋线总偏差是指在计值范围L_β内，包容实际螺旋线迹线的两条设计螺旋线迹线间的距离(如图7.10中的F_β)。

图7.10中曲线表示实际螺旋线迹线，点划线表示设计螺旋线迹线，设计螺旋线是指符合设计规定的螺旋线，未经修形的螺旋线的迹线一般为一直线，其长度为在齿宽方向上不包括齿端倒角或修圆在内的长度。齿宽b在齿轮两端处各减去5%的齿宽或一个模数的长度中较小的数值后的迹线长度称为螺旋线计值范围(L_β)。过实际螺旋线迹线最高点和最低点作与设计螺旋线平行的两条直线的距离即为F_β。对直齿圆柱齿轮，螺旋角$\beta = 0$，设计螺旋线迹线为与齿轮轴线平行的直线。

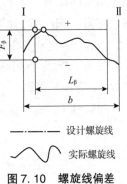

图7.10 螺旋线偏差

—— 设计螺旋线

〜〜 实际螺旋线

上述F_β的取值方法适用于非修形螺旋线，当齿轮设计成修形螺旋线时，设计螺旋线迹线不再是直线。

7.2.4 齿轮侧隙的偏差项目

为保证齿轮润滑、补偿齿轮的制造误差、安装误差以及热变形等造成的误差，必须在齿轮副的非工作面留有侧隙。相互啮合齿轮的侧隙是由一对齿轮的中心距以及每个齿轮的实际齿厚所控制。国标规定采用"基准中心距制"，即在中心距一定的情况下，用控制齿轮齿厚的方法获得必要的侧隙。

(1)齿厚偏差(E_{sn})

齿轮分度圆柱上同一齿左、右齿面之间的弧长称为圆弧齿厚，齿轮分度圆柱上同一齿左、右齿面之间的弦长称为弦齿厚。

以被测齿轮回转轴线为基准(一般用齿轮外圆代替)，测量齿轮分度圆柱上同一齿左、右齿面之间的弧长或弦长，实测值与公称值之差即为齿厚偏差E_{sn}。如图7.11所示，各齿

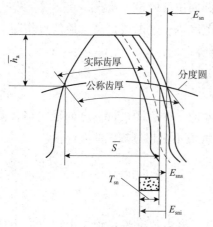

图 7.11 齿厚偏差

中最大齿厚与公称齿厚之差为齿厚上偏差 E_{sns}，最小齿厚与公称齿厚之差为齿厚下偏差 E_{sni}。

对于非变位直齿轮，分度圆弦齿厚 $\bar{S}$ 的公称值为

$$\bar{S} = zm\sin\frac{90}{z} \qquad (7.1)$$

式中，z 为齿轮齿数；m 为齿轮模数。

对于斜齿轮，齿厚偏差是指法向实际齿厚与公称齿厚之差。

(2)公法线平均长度偏差(E_{wm})

对中、小模数的齿轮，为测量方便，通常用公法线平均长度偏差代替齿厚偏差。

如图 7.12 所示，公法线长度 W_k 是在基圆柱切平面上跨 k 个齿(对外齿轮)或 k 个齿槽(对内齿轮)的异侧齿面间的距离。对标准直齿圆柱齿轮，公法线长度的公称值由式(7.2)计算

$$W_k = m\left[2.952(k-0.5) + 0.014z\right] \qquad (7.2)$$

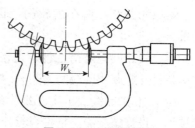

图 7.12 公法线长度

式中，W_k 为公法线长度；m 为齿轮模数；k 为跨齿数；z 为齿轮齿数。

跨齿数 k，通常按式(7.3)计算

$$k = \frac{z}{9} + 0.5(\text{取近似整数}) \qquad (7.3)$$

公法线平均长度偏差 E_{wm} 是指在齿轮一周内，公法线平均值与公称值之差。E_{wm} 应在法向方向上测量，并取各测量位置中测得的各公法线长度偏差的算术平均值作为测量结果。

7.3　渐开线圆柱齿轮精度标准

7.3.1　精度等级与图样标注

(1)精度等级

在 GB/T 10095.1~2-2008 中，对评定齿轮精度的各偏差项目规定了相应的精度等级。其中，齿距累积总偏差 F_p、齿距累积偏差 F_{pk}、单个齿距偏差 f_{pt}、齿廓总偏差 F_α、螺旋线总偏差 F_β、切向综合总偏差 F_i'、一齿切向综合偏差 f_i' 和径向跳动 F_r 分别规定了 13 个精度等级，用阿拉伯数字 0，1，2，…，12 表示，其中 0 级精度最高，12 级精度最低；径向综合总偏差 F_i'' 和一齿径向综合偏差 f_i'' 分别规定了 9 个精度等级，用阿拉伯数字 4，5，6，…，12 表示，其中 4 级精度最高，12 级精度最低。

0~2 级属于展望级，目前几乎没有实际应用；3~5 级为高精度等级；6~8 级为中等

精度等级；9～12 级为低精度等级。其中 7～9 级用一般切齿加工方法可以达到，用途最广。

(2)图样标注

当齿轮的所有偏差项目为同一精度等级时，图样上可只标注精度等级和标准代号。例如，齿轮各项偏差项目的精度等级均为 7 级，标注为

7 GB/T 10095.1—2008

当齿轮偏差项目的精度等级不同时，图样上应按齿轮传递运动准确性、传递运动平稳性和载荷分布均匀性偏差项目的顺序，分别标注出精度等级及对应的偏差项目符号和标准号。例如，齿轮的累积总偏差 F_p 和齿廓总偏差 F_α 精度等级为 7 级，而螺旋线总偏差 F_β 为精度等级为 8 级，标注为

7(F_p、F_α)、8(F_β) GB/T 10095.1—2008

对齿厚偏差，应在图样右上角的参数表中注出其公称值及上、下偏差值；对公法线平均长度偏差，应在图样右上角的参数表中注出其公称值及上、下偏差值，并给出跨齿数 k。

7.3.2 齿轮偏差允许值的计算公式及其数值

在 GB/T 10095.1—2008 和 GB/T 10095.2—2008 中，给出了 5 级精度齿轮各项偏差允许值(单位 μm)的计算公式：

(1)单个齿距偏差：$f_{pt} = 0.3(m + 0.4\sqrt{d}) + 4$

(2)齿距累积偏差：$F_{pk} = f_{pt} + 1.6\sqrt{(k-1)m}$

(3)齿距累积总偏差：$F_p = 0.3m + 1.25\sqrt{d} + 7$

(4)齿廓总偏差：$F_\alpha = 3.2\sqrt{m} + 0.22\sqrt{d} + 0.7$

(5)螺旋线总偏差：$F_\beta = 0.1\sqrt{d} + 0.63\sqrt{b} + 4.2$

(6)一齿切向综合偏差：$f_i' = K(9 + 0.3m + 3.2\sqrt{m} + 0.34\sqrt{d})$

其中，当总重合度 $\varepsilon_\gamma < 4$ 时，$K = 0.2\left(\dfrac{\varepsilon_\gamma + 4}{\varepsilon_\gamma}\right)$；当 $\varepsilon_\gamma \geqslant 4$ 时，$K = 0.4$。

(7)切向综合总偏差：$F_i' = F_p + f_i'$

(8)径向综合总偏差：$F_i'' = 3.2m_n + 1.01\sqrt{d} + 6.4$

(9)一齿径向综合偏差：$f_i'' = 2.96m_n + 0.01\sqrt{d} + 0.8$

(10)径向跳动公差：$F_r = 0.8F_p = 0.24m_n + 1.0\sqrt{d} + 5.6$

其他精度等级的偏差允许值是在 5 级精度偏差计算公式的基础上，乘以级间公比计算出来的。两相邻精度等级的级间公比等于 $\sqrt{2}$，本级数值乘以(或除以)$\sqrt{2}$ 即可得到相邻较高(或较低)等级的数值。5 级精度的未圆整的计算值乘以 $(\sqrt{2})^{0.5(Q-5)}$，即可得到任一精度等级的待求值，式中 Q 是待求值的精度等级数。

上述计算公式中的参数 $m(m_n)$、d 和 b 均为其分段界限值的几何平均值。计算出的偏差数值需进行圆整，如果计算值大于 10μm，圆整到最接近的整数；如果小于 10μm，圆整到最接近的相差小于 0.5μm 的小数或整数；如果小于 5μm，圆整到最接近的相差小于

0.1μm 的一位小数或整数。

在表 7.1 ~ 表 7.5 中分别给出了部分精度等级的偏差允许值。

表 7.1 单个齿距偏差 ±f_{pt}、齿距累积总偏差 F_p(GB/T 10095.1—2008)　μm

分度圆直径 d/mm	模数 m/mm	单个齿距偏差 ±f_{pt}					齿距累积总偏差 F_p				
		精度等级					精度等级				
		5	6	7	8	9	5	6	7	8	9
5≤d≤20	0.5≤m≤2	4.7	6.5	9.5	13.0	19.0	11.0	16.0	23.0	32.0	45.0
	2<m≤3.5	5.0	7.5	10.0	15.0	21.0	12.0	17.0	23.0	33.0	47.0
20<d≤50	0.5≤m≤2	5.0	7.0	10.0	14.0	20.0	14.0	20.0	29.0	41.0	57.0
	2<m≤3.5	5.0	7.5	11.0	15.0	22.0	15.0	21.0	30.0	42.0	59.0
	3.5<m≤6	6.0	8.5	12.0	17.0	24.0	15.0	22.0	31.0	44.0	62.0
50<d≤125	0.5≤m≤2	5.5	7.5	11.0	15.0	21.0	18.0	26.0	37.0	52.0	74.0
	2<m≤3.5	6.0	8.5	12.0	17.0	23.0	19.0	27.0	38.0	53.0	76.0
	3.5<m≤6	6.5	9.0	13.0	18.0	25.0	19.0	28.0	39.0	55.0	78.0
125<d≤280	0.5≤m≤2	6.0	8.5	12.0	17.0	24.0	24.0	35.0	49.0	69.0	98.0
	2<m≤3.5	6.5	9.0	13.0	18.0	26.0	25.0	35.0	50.0	70.0	100.0
	3.5<m≤6	7.0	10.0	14.0	20.0	28.0	25.0	36.0	51.0	72.0	102.0
	6<m≤10	8.0	11.0	16.0	23.0	32.0	26.0	37.0	53.0	75.0	106.0
280<d≤560	0.5≤m≤2	6.5	9.5	13.0	19.0	27.0	32.0	45.0	64.0	91.0	129.0
	2<m≤3.5	7.0	10.0	14.0	20.0	29.0	33.0	46.0	65.0	92.0	131.0
	3.5<m≤6	8.0	11.0	16.0	22.0	31.0	33.0	47.0	66.0	94.0	133.0
	6<m≤10	8.5	12.0	17.0	25.0	35.0	34.0	48.0	68.0	97.0	137.0

表 7.2 齿廓总偏差 F_α、f_i'/K 的比值(GB/T 10095.1—2008)　μm

分度圆直径 d/mm	模数 m/mm	齿廓总偏差 F_α					f_i'/K				
		精度等级					精度等级				
		5	6	7	8	9	5	6	7	8	9
5≤d≤20	0.5≤m≤2	4.6	6.5	9.0	13.0	18.0	14.0	19.0	27.0	38.0	54.0
	2<m≤3.5	6.5	9.5	13.0	19.0	26.0	16.0	23.0	32.0	45.0	64.0
20<d≤50	0.5≤m≤2	5.0	7.5	10.0	15.0	21.0	14.0	20.0	29.0	41.0	58.0
	2<m≤3.5	7.0	10.0	14.0	20.0	29.0	17.0	24.0	34.0	48.0	68.0
	3.5<m≤6	9.0	12.0	18.0	25.0	35.0	19.0	27.0	38.0	54.0	77.0
50<d≤125	0.5≤m≤2	6.0	8.5	12.0	17.0	23.0	16.0	22.0	31.0	44.0	62.0
	2<m≤3.5	8.0	11.0	16.0	22.0	31.0	18.0	25.0	36.0	51.0	72.0
	3.5<m≤6	9.5	13.0	19.0	27.0	38.0	20.0	29.0	40.0	57.0	81.0

续表

分度圆直径 d/mm	模数 m/mm	齿廓总偏差 F_α					f'_i/K				
		精度等级					精度等级				
		5	6	7	8	9	5	6	7	8	9
125 < d ≤ 280	0.5 ≤ m ≤ 2	7.0	10.0	14.0	20.0	28.0	17.0	24.0	34.0	49.0	69.0
	2 < m ≤ 3.5	9.0	13.0	18.0	25.0	36.0	20.0	28.0	39.0	56.0	79.0
	3.5 < m ≤ 6	11.0	15.0	21.0	30.0	42.0	22.0	31.0	44.0	62.0	88.0
	6 < m ≤ 10	13.0	18.0	25.0	36.0	50.0	25.0	35.0	50.0	70.0	100.0
280 < d ≤ 560	0.5 ≤ m ≤ 2	8.5	12.0	17.0	23.0	33.0	19.0	27.0	39.0	54.0	77.0
	2 < m ≤ 3.5	10.0	15.0	21.0	29.0	41.0	22.0	31.0	44.0	62.0	87.0
	3.5 < m ≤ 6	12.0	17.0	24.0	34.0	48.0	24.0	34.0	48.0	68.0	96.0
	6 < m ≤ 10	14.0	20.0	28.0	40.0	56.0	27.0	38.0	54.0	76.0	108.0

表7.3 螺旋线总偏差 F_β（GB/T 10095.1—2008） μm

分度圆直径 d/mm	齿宽 b/mm	精度等级				
		5	6	7	8	9
5 ≤ d ≤ 20	4 ≤ b ≤ 10	6.0	8.5	12.0	17.0	24.0
	10 < b ≤ 20	7.0	9.5	14.0	19.0	28.0
20 < d ≤ 50	4 ≤ b ≤ 10	6.5	9.0	13.0	18.0	25.0
	10 < b ≤ 20	7.0	10.0	14.0	20.0	29.0
	20 < b ≤ 40	8.0	11.0	16.0	23.0	32.0
50 < d ≤ 125	4 ≤ b ≤ 10	6.5	9.5	13.0	19.0	27.0
	10 < b ≤ 20	7.5	11.0	15.0	21.0	30.0
	20 < b ≤ 40	8.5	12.0	17.0	24.0	34.0
	40 < b ≤ 80	10.0	14.0	20.0	28.0	39.0
125 < d ≤ 280	10 < b ≤ 20	8.0	11.0	16.0	22.0	32.0
	20 < b ≤ 40	9.0	13.0	18.0	25.0	36.0
	40 < b ≤ 80	10.0	15.0	21.0	29.0	41.0
	80 < b ≤ 160	12.0	18.0	25.0	35.0	49.0
280 < d ≤ 560	20 < b ≤ 40	9.5	13.0	19.0	27.0	38.0
	40 < b ≤ 80	11.0	15.0	22.0	31.0	44.0
	80 < b ≤ 160	13.0	18.0	26.0	36.0	52.0
	160 < b ≤ 250	15.0	21.0	30.0	43.0	60.0

表 7.4　径向综合总偏差 F_i'' 和一齿径向综合偏差 f_i'' (GB/T 10095.2—2008)　　　μm

分度圆直径 d/mm	模数 m_n/mm	径向综合总偏差 F_i''					一齿径向综合偏差 f_i''				
		精度等级					精度等级				
		5	6	7	8	9	5	6	7	8	9
5≤d≤20	0.5<m_n≤0.8	12	16	23	33	46	2.5	4.0	5.5	7.5	11
	0.8<m_n≤1.0	12	18	25	35	50	3.5	5.0	7.0	10	14
	1.0<m_n≤1.5	14	19	27	38	54	4.5	6.5	9.0	13	18
	1.5<m_n≤2.5	16	22	32	45	63	6.5	9.5	13	19	26
20<d≤50	0.8<m_n≤1.0	15	21	30	42	60	3.5	5.0	7.0	10	14
	1.0<m_n≤1.5	16	23	32	45	64	4.5	6.5	9.0	13	18
	1.5<m_n≤2.5	18	26	37	52	73	6.5	9.5	13	19	26
	2.5<m_n≤4.0	22	31	44	63	89	10	14	20	29	41
50<d≤125	1.0<m_n≤1.5	19	27	39	55	77	4.5	6.5	9.0	13	18
	1.5<m_n≤2.5	22	31	43	61	86	6.5	9.5	13	19	26
	2.5<m_n≤4.0	25	36	51	72	102	10	14	20	29	41
	4.0<m_n≤6.0	31	44	62	88	124	15	22	31	44	62
125<d≤280	1.5<m_n≤2.5	26	37	53	75	106	6.5	9.5	13	19	27
	2.5<m_n≤4.0	30	43	61	86	121	10	15	21	29	41
	4.0<m_n≤6.0	36	51	72	102	144	15	22	31	44	62
	6.0<m_n≤10	45	64	90	127	180	24	34	48	67	95
280<d≤560	1.5<m_n≤2.5	33	46	65	92	131	6.5	9.5	13	19	27
	2.5<m_n≤4.0	37	52	73	104	146	10	15	21	29	41
	4.0<m_n≤6.0	42	60	84	119	169	15	22	31	44	62
	6.0<m_n≤10	51	73	103	145	205	24	34	48	68	96

表 7.5　径向跳动公差 F_r (GB/T 10095.2—2008)　　　μm

分度圆直径 d/mm	模数 m/mm	精度等级				
		5	6	7	8	9
5≤d≤20	0.5≤m≤2	9.0	13	18	25	36
	2<m≤3.5	9.5	13	19	27	38
20<d≤50	0.5≤m≤2	11	16	23	32	46
	2<m≤3.5	12	17	24	34	47
	3.5<m≤6	12	17	25	35	49
50<d≤125	0.5≤m≤2	15	21	29	42	59
	2<m≤3.5	15	21	30	43	61
	3.5<m≤6	16	22	31	44	62

分度圆直径 d/mm	模数 m/mm	精度等级				
		5	6	7	8	9
125 < d ≤ 280	0.5 ≤ m ≤ 2	20	28	39	55	78
	2 < m ≤ 3.5	20	28	40	56	80
	3.5 < m ≤ 6	20	29	41	58	82
	6 < m ≤ 10	21	30	42	60	85
280 < d ≤ 560	0.5 ≤ m ≤ 2	26	36	51	73	103
	2 < m ≤ 3.5	26	37	52	74	105
	3.5 < m ≤ 6	27	38	53	75	106
	6 < m ≤ 10	27	39	55	77	109

7.4 圆柱齿轮精度设计

为保证齿轮传动的使用要求，齿轮的精度设计主要解决以下几方面的问题。

7.4.1 齿轮精度等级的选用

对齿轮精度等级的选择，原则上应在满足使用要求的前提下，尽量选用精度较低的等级。但由于齿轮传动的用途和工作条件不同，对齿轮传递运动准确性、传递运动平稳性和载荷分布均匀性三方面的精度要求也不一致。

(1) 对分度、读数齿轮，应首先计算出齿轮一转中允许的最大转角误差，由此确定传递运动准确性偏差项目的精度等级，然后再根据工作条件确定其他精度要求。

(2) 对中、高速动力齿轮，应首先确定传递运动平稳性偏差项目的精度等级，通常载荷分布均匀性偏差项目的精度不宜低于传递运动平稳性偏差项目，传递运动准确性偏差项目的精度也不应过低。

(3) 对低速动力齿轮，首先根据强度和寿命要求确定载荷分布均匀性偏差项目的精度等级，其次选择传递运动准确性、传递运动平稳性偏差项目的精度等级。

通常，采用计算法和类比法来进行精度等级的选择，计算法主要用于精密传动齿轮的设计；类比法是参考同类产品的齿轮精度，结合所设计齿轮的具体要求来确定精度等级。表7.6为从生产实践中总结出的不同用途齿轮的大致精度等级，可供设计时参考。

表7.6 各类机械设备的齿轮精度等级(供参考)

齿轮用途	精度等级	齿轮用途	精度等级	齿轮用途	精度等级
测量齿轮	3~5	轻型汽车	5~8	拖拉机、轧钢机	6~10
汽轮机减速器	3~6	重型汽车	6~9	矿用绞车	8~10
金属切削机床	3~8	内燃机、电气机车	6~7	起重机械	7~10
航空发动机	3~7	一般用途减速器	6~9	农业机械	8~11

机械传动中应用最多的齿轮是即传递运动又传递动力，其精度等级与齿轮的圆周速度密切相关，因此可计算出齿轮的最高圆周速度，参考表7.7确定齿轮精度等级。

表7.7　齿轮传动平稳性精度等级的选用（供参考）

精度等级	圆周速度/ $(\text{m}\cdot\text{s}^{-1})$		齿面的终加工	工作条件
	直齿	斜齿		
3级（极精密）	到40	到75	特别精密的磨削和研齿；用精密滚刀或单边剃齿后的大多数不经淬火的齿轮	要求特别精密的或最平稳且无噪声的特别高速下工作的齿轮传动；特别精密机构中的齿轮；特别高速传动（透平齿轮）；检测5级和6级齿轮用的测量齿轮
4级（特别精密）	到35	到70	精密磨齿；用精密滚刀和挤齿或单边剃齿后的大多数齿轮	特别精密分度机构中或在最平稳且无噪声的极高速下工作的齿轮传动；特别精密机构中的齿轮；高速透平齿轮；检测7级齿轮用的测量齿轮
5级（高精密）	到20	到40	精密磨齿；大多数用精密滚刀加工，进而挤齿或剃齿的齿轮	精密分度机构中或要求极平稳且无噪声的高速工作的齿轮传动；精密机构用齿轮；透平齿轮；检测8级和9级齿轮用的测量齿轮
6级（高精密）	到16	到30	精密磨齿或剃齿	要求最高效率且无噪声的高速下平稳工作的齿轮；传动或分度机构的齿轮传动；特别重要的航空、汽车齿轮；读数装置用的特别精密传动齿轮
7级（精密）	到10	到15	无需热处理，仅用精确刀具加工的齿轮；至于淬火齿轮必须精整加工（磨齿、挤齿、珩齿等）	增速和减速用齿轮传动；金属切削机床进给机构用齿轮；高速减速器齿轮；航空、汽车用齿轮；读数装置用齿轮
8级（中等精密）	到6	到10	不磨齿，必要时光整加工或对研	一般机械制造用齿轮；分度链之外的机床传动齿轮；航空、汽车用的不重要齿轮；起重机构用齿轮；农业机械中的重要齿轮；通用减速器齿轮
9级（较低精度）	到2	到4	无须特殊光整加工	用于精度要求较低的齿轮

7.4.2　最小侧隙和齿厚偏差的确定

齿轮副的侧隙是两个相配齿轮的工作齿面相接触时，在两个非工作齿面之间形成的间隙。通常有两种表示方法：圆周侧隙 j_{wt} 和法向侧隙 j_{bn}（图7.3）。

圆周侧隙是当固定两啮合齿轮中的一个，另一个齿轮所能转过的节圆弧长的最大值。法向侧隙是指两个齿轮的工作齿面相互接触时，其非工作面之间的最短距离。法向侧隙 j_{bn} 与圆周侧隙 j_{wt} 存在以下关系：

$$j_{\text{bn}} = j_{\text{wt}}\cos\alpha_{\text{wt}} \times \cos\beta_{\text{b}} \qquad (7.4)$$

式中，α_{wt} 为端面压力角；β_{b} 为基圆螺旋角。

（1）最小法向侧隙（j_{bnmin}）的确定

在设计齿轮传动时，必须保证有足够的最小侧隙以保证齿轮副正常工作，通常采用最

小法向侧隙 j_{bnmin}。对工业传动装置，当采用黑色金属材料的齿轮和黑色金属材料的箱体，工作时齿轮节圆线速度小于15m/s，其箱体、轴和轴承都采用常用的商业制造公差时，则齿轮副的最小法向侧隙 j_{bnmin} 可用下式计算：

$$j_{bnmin} = \frac{2}{3}(0.06 + 0.0005a + 0.03m_n) \tag{7.5}$$

也可采用表7.8中的推荐数据。

表7.8 对于中、大模数齿轮最小侧隙 j_{bnmin} 的推荐数据(GB/Z 18620.2—2008) mm

模数	最小中心距 a					
m_n	50	100	200	400	800	1600
1.5	0.09	0.11	—	—	—	—
2	0.10	0.12	0.15	—	—	—
3	0.12	0.14	0.17	0.24	—	—
5	—	0.18	0.21	0.28	—	—
8	—	0.24	0.27	0.34	0.47	—
12	—	—	0.35	0.42	0.55	—
18	—	—	—	0.54	0.67	0.94

由公式(7.5)计算或表7.8中给出的最小法向侧隙 j_{bnmin} 是当一个齿轮的齿以最大允许实效齿厚与一个具有最大允许实效齿厚的相配齿轮在最紧的允许中心距相啮合时，在静态条件下存在的最小允许侧隙。该最小侧隙综合考虑了以下影响因素：

①箱体、轴和轴承的偏斜；

②由于箱体的偏差和轴承的间隙导致齿轮轴线的不对准及齿轮轴线的歪斜；

③安装误差，例如轴的偏心；

④轴承的径向跳动；

⑤温度影响(箱体与齿轮零件的温度差、中心距和材料差异所致)；

⑥旋转零件的离心胀大；

⑦其他因素，例如由于润滑剂的允许污染以及非金属齿轮材料的溶胀。

因此，由公式(7.5)计算或表7.8中给出的最小法向侧隙 j_{bnmin}，一般可作为设计的最小侧隙允许值。

(2)齿厚上、下偏差的确定

为了获得最小法向侧隙 j_{bnmin}，齿厚应保证有最小减薄量，它是由分度圆齿厚上偏差 E_{sns} 形成的，如图7.11所示。对于 E_{sns} 数值的确定，可类比选取，也可参考下述方法计算选取。

当齿轮副中两个齿轮的实际齿厚达到最大值时，齿轮副存在最小侧隙，最小法向侧隙 j_{bnmin} 与两个齿轮的齿厚上偏差 E_{sns1}、E_{sns2} 之间有如下的关系式

$$j_{bnmin} = |E_{sns1} + E_{sns2}|\cos\alpha_n \tag{7.6}$$

为便于设计与计算，通常取两齿轮的齿厚上偏差相等，令 $E_{sns1} = E_{sns2} = E_{sns}$，得齿厚上

偏差为

$$E_{sns} = -j_{bnmin}/2\cos\alpha_n \tag{7.7}$$

齿厚下偏差 E_{sni} 等于齿厚上偏差 E_{sns} 减去齿厚公差 T_{sn}，即

$$E_{sni} = E_{sns} - T_{sn} \tag{7.8}$$

齿厚公差 T_{sn} 的大小取决于切齿时的径向进刀公差 b_r 和齿轮径向跳动公差 F_r，可按式 (7.9) 求得

$$T_{sn} = \sqrt{b_r^2 + F_r^2} \cdot 2\tan\alpha_n \tag{7.9}$$

式中，径向进刀公差 b_r 可按表 7.9 选取。

表 7.9　切齿径向进刀公差 b_r 值

齿轮精度等级	4	5	6	7	8	9
b_r 值	1.26IT7	IT8	1.26IT8	IT9	1.26IT9	IT10

注：查 IT 值的主参数为分度圆直径尺寸。

(3) 公法线平均长度上、下偏差的确定

由于公法线长度便于测量，通常用公法线平均长度极限偏差代替齿厚极限偏差。公法线平均长度上偏差 E_{wms} 和下偏差 E_{wmi} 与齿厚上、下偏差的换算关系为

$$E_{wms} = E_{sns}\cos\alpha_n - 0.72F_r\sin\alpha_n \tag{7.10}$$

$$E_{wmi} = E_{sni}\cos\alpha_n + 0.72F_r\sin\alpha_n \tag{7.11}$$

7.4.3　齿轮副与齿轮坯精度的确定

(1) 中心距偏差 (f_a)

中心距偏差是指齿轮副的实际中心距与公称中心距之差，其大小不但影响传动侧隙，还影响重合度，因此需加以限制。在齿轮只是单向承载运转而不经常反转的情况下，中心距允许偏差主要考虑重合度的影响；对传递运动的齿轮，其侧隙要求较严格，此时中心距允许偏差应较小。

中心距偏差的允许值由设计者给定，一般对 5、6 级精度齿轮，取 $\pm f_a = IT7/2$；对 7、8 级精度齿轮取 $\pm f_a = IT9/2$。

(2) 轴线平行度偏差 $(f_{\Sigma\delta}、f_{\Sigma\beta})$

由于轴线平行度偏差的影响与其向量的方向有关，因此，规定了两种轴线平行度偏差，分别是轴线平面内的偏差 $f_{\Sigma\delta}$ 和垂直平面上的偏差 $f_{\Sigma\beta}$，如图 7.13 所示。

轴线平面内的偏差 $f_{\Sigma\delta}$ 是在两轴线的公共平面上测量的，公共平面是用两轴承跨距中较长的一个 L 和另一根轴上的一个轴承来确定的，如果两个轴承的跨距相同，则用小齿轮轴和大齿轮轴的一个轴承。

垂直平面上的偏差 $f_{\Sigma\beta}$ 是在与轴线公共平面垂直的"交错轴平面"上测量的。

轴线平面内的轴线偏差影响螺旋线啮合偏差，它的影响是工作压力角的正弦函数，而垂直平面上的轴线偏差的影响则是工作压力角的余弦函数。可见一定量的垂直平面上的偏差导致的啮合偏差将比同样大小的轴线平面内的偏差导致的啮合偏差要大 2～3 倍。因此，

对两种偏差规定了不同的最大推荐值。

$f_{\Sigma\beta}$ 和 $f_{\Sigma\delta}$ 的最大推荐值为

$$f_{\Sigma\beta} = 0.5\left(\frac{L}{b}\right)F_{\beta} \tag{7.12}$$

$$f_{\Sigma\delta} = 2f_{\Sigma\beta} \tag{7.13}$$

式中：L、b 和 F_{β} 分别为轴承跨距、齿轮齿宽和齿轮螺旋线总偏差。

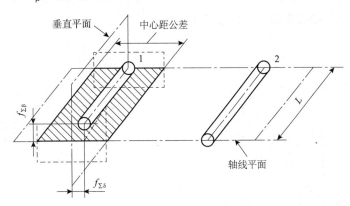

图 7.13 轴线平行度偏差

（3）齿轮坯精度

齿轮坯（简称齿坯）是指在轮齿加工前供制造齿轮用的工件。齿坯精度是指在齿坯上，影响轮齿加工、检验和齿轮传动质量的基准表面上的误差，包括尺寸偏差、形状误差、基准面的跳动以及表面粗糙度等。

齿坯的尺寸公差按齿轮精度等级参考表 7.10 进行选取。

表 7.10 齿坯尺寸公差

齿轮精度等级		5	6	7	8	9	10	11	12
孔	尺寸公差	IT5	IT6	IT7		IT8		IT9	
轴	尺寸公差	IT5		IT6		IT7		IT8	
顶圆直径公差		IT7	IT8			IT9		IT11	

注：①齿轮的三项精度等级不同时，齿轮的孔、轴尺寸公差按最高精度等级确定；
　②齿顶圆柱面不做基准时，齿顶圆直径公差按 IT11 给定，但不得大于 $0.1m_n$；
　③齿顶圆的尺寸公差带通常采用 h11 或 h8。

在齿坯上，用来确定基准轴线的面称为基准面，由基准面中心确定的轴线称为基准轴线；用于安装齿轮的面称为工作安装面，由工作安装面中心确定的轴线称为工作轴线，即齿轮工作时绕其旋转的轴线；在齿轮制造或检验时用于安装齿轮的面称为制造安装面。

基准轴线是用来确定齿轮轮齿精度（如齿距偏差、螺旋线偏差等）参数值的旋转轴线。因此，必须在齿轮的图纸上把规定轮齿公差的基准轴线（基准）明确表示出来，而整个齿轮的几何形状均以其为基准。通常，选择基准轴线与工作轴线重合，或将安装面作为基准面。确定基准轴线的基本方法有三种：

①用两个"短的"圆柱或圆锥形基准面上设定的两个圆的圆心来确定轴线上的两点，如

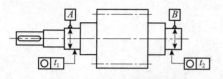

图 7.14　用两个"短的"基准面确定基准轴线

图 7.14 所示；

②用一个"长的"圆柱或圆锥形的面来同时确定轴线的位置和方向，如图 7.15 所示，孔的轴线可以用与之相匹配正确装配的工作心轴的轴线来代表；

③轴线位置用一个"短的"圆柱形基准面上的一个圆的圆心来确定，而其方向则用垂直于此轴线的一个基准端面来确定，如图 7.16 所示。

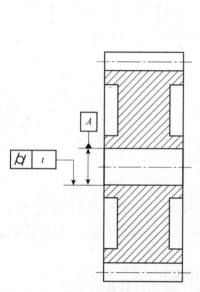

图 7.15　用一个"长的"基准面确定基准轴线

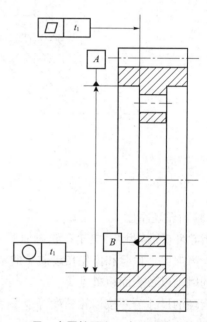

图 7.16　用一个圆柱面和一个端面确定基准轴线

除上述基本方法外，对齿轮和轴做成一体的小齿轮在制造和检验时，可用轴两端的中心孔来确定基准轴线。

对基准面、工作安装面及制造安装面的形状公差(表 7.11)和跳动公差(表 7.12)的要求如下：

表 7.11　基准面与安装面的形状公差(GB/Z 18620.3—2008)

确定轴线的基准面	公差项目		
	圆度	圆柱度	平面度
两个"短的"圆柱或圆锥形基准面	$0.04(L/b)F_\beta$ 或 $0.1F_p$ 两者中之小值		
一个"长的"圆柱或圆锥形基准面		$0.04(L/b)F_\beta$ 或 $0.1F_p$ 两者中之小值	
一个短的圆柱基准面和一个端面基准面	$0.06F_p$		$0.06(D_d/b)F_\beta$

注：齿轮坯的公差应减至能经济地制造的最小值。

表7.12 安装面的跳动公差(GB/Z 18620.3—2008)

确定轴线的基准面	跳动量(总的指示幅度)	
	径向	轴向
仅指圆柱或圆锥形基准面	$0.15(L/b)F_\beta$ 或 $0.3F_p$ 两者中之小值	
一个短的圆柱基准面和一个端面基准面	$0.3F_p$	$0.2(D_d/b)F_\beta$

注:齿轮坯的公差应减至能经济地制造的最小值。

①基准面的形状公差不应大于表7.11中规定的数值;

②工作安装面和制造安装面的形状公差不应大于表7.11中所给定的数值;

③当基准轴线与工作轴线不重合时,工作安装面相对于基准轴线的跳动必须在图样上予以控制,跳动公差不大于表7.12中规定的数值;

④除非在制造和检测中的安装面就是基准面,否则这些安装面相对于基准轴线的位置要予以控制,表7.12中所给出的数值可作为这些面的公差值。

对于齿顶圆柱面应适当选择顶圆直径的公差,如果把齿顶圆作为基准面,还要规定其形状公差和对基准轴线的跳动公差,其公差值不应大于表7.11和表7.12中的数值。

齿轮齿面和基准面的表面粗糙度推荐数值见表7.13和表7.14。

表7.13 齿面表面粗糙度 Ra 的推荐极限值(GB/Z 18620.4—2008) μm

齿轮精度等级	Ra		
	模数/mm		
	$m \leq 6$	$6 < m \leq 25$	$m > 25$
5	0.5	0.63	0.80
6	0.8	1.00	1.25
7	1.25	1.60	2.0
8	2.0	2.5	3.2
9	3.2	4.0	5.0
10	5.0	6.3	8.0

表7.14 齿轮各基准面表面粗糙度推荐的 Ra 上限值 μm

齿轮精度等级	5	6	7		8	9	
齿面加工方法	磨齿	磨齿或珩齿	剃齿或珩齿	精插、精铣	插齿或滚齿	滚齿	铣齿
齿轮基准孔	0.32~0.63	1.25	1.25~2.5			2.5	
齿轮轴基准轴颈	0.32	0.63	1.25			2.5	
齿轮基准端面	1.25~2.5	2.5~5			3.2~5		
齿轮顶圆	1.25~2.5	3.2~5					

7.4.4 齿轮精度设计示例

例7.1 某机床主轴箱传动轴上有一对直齿圆柱齿轮副，模数 $m = 2.75\text{mm}$，压力角 $\alpha = 20°$，齿数 $z_1 = 26$、$z_2 = 56$，齿宽分别为 $b_1 = 28\text{mm}$、$b_2 = 24\text{mm}$，转速 $n_1 = 1650\text{r/min}$，箱体上轴承跨距为 $L = 90\text{mm}$，齿轮材料为钢，箱体材料为铸铁，生产方式为小批量生产，小齿轮结构如图7.17所示，其基准孔的工称尺寸为 $\phi30\text{mm}$，试完成小齿轮的精度设计。

解 (1)确定齿轮精度等级

设计的齿轮为机床主轴箱传动齿轮，由表7.6可以大致得出齿轮精度等级在 $3 \sim 8$ 级之间，该齿轮既传递运动又传递动力，可按分度圆周线速度来确定传动平稳性精度等级。齿轮分度圆的圆周速度为

$$v = \frac{\pi d n_1}{1000 \times 60} = \frac{3.14 \times 2.75 \times 26 \times 1650}{1000 \times 60} = 6.17 \text{ m/s}$$

由表7.7选出传动平稳性的精度等级为7级，由于该齿轮为普通传动齿轮，且传递的动力也不很大，故传递运动准确性和载荷分布均匀性的精度等级可与传动平稳性的精度等级选为同级，取7级。图样上标注为：7 GB/T 10095.1 ~ 2—2008。

(2)确定齿轮精度的偏差项目及其允许值

由于该齿轮为机床传动轴上的普通传动齿轮，不必规定齿距累计偏差 F_{pk}，各偏差项目及允许值确定如下：

传递运动准确性的偏差项目为：齿距累计总偏差 F_p，由表7.1查得其偏差允许值 $F_p = 0.038$；

传递运动平稳性的偏差项目为：单个齿距偏差 f_{pt}，由表7.1查得其偏差允许值 $\pm f_{pt} = \pm 0.012$，

齿廓总偏差 F_α，由表7.2查得其偏差允许值 $F_\alpha = 0.016$；

载荷分布均匀性的偏差项目为：螺旋线总偏差 F_β，由表7.3查得其偏差允许值 $F_\beta = 0.017$。

(3)确定最小法向侧隙和齿厚上、下偏差

$$齿轮副的中心距\ a = \frac{m(z_1 + z_2)}{2} = \frac{2.75 \times (26 + 56)}{2} = 112.75$$

最小法向侧隙 j_{bnmin}（或由表7.8查得）为：

$$j_{bnmin} = \frac{2}{3}(0.06 + 0.0005a + 0.03m_n) = \frac{2}{3}(0.06 + 0.0005 \times 112.75 + 0.03 \times 2.75) = 0.133$$

齿厚上偏差 $E_{sns} = -j_{bnmin}/2\cos\alpha_n = 0.133/(2\cos20°) = -0.071$

分度圆直径 $d = m \cdot z_1 = 2.75 \times 26 = 71.5\text{mm}$，由表7.5查得 $F_r = 0.03\text{mm}$，由表7.9查得 $b_r = \text{IT9} = 0.074\text{mm}$，因此齿厚公差为：

$$T_{sn} = \sqrt{b_r^2 + F_r^2} \cdot 2\tan\alpha_n = \sqrt{0.074^2 + 0.03^2} \cdot 2\tan20° = 0.058$$

齿厚下偏差 $E_{sni} = E_{sns} - T_{sn} = -0.071 - 0.058 = -0.129$

公称齿厚 $\bar{S} = zm\sin\frac{90}{z} = 26 \times 2.75\sin\frac{90}{26} = 4.317$，公称齿厚及上、下偏差为：$4.317^{-0.071}_{-0.129}$

由齿厚极限偏差换算公法线平均长度极限偏差，用来代替齿厚极限偏差。公法线平均长度上、下偏差为：

$$E_{wms} = E_{sns}\cos\alpha_n - 0.72F_r\sin\alpha_n = (-0.071\cos20°) - 0.72\times0.03\sin20° = -0.074$$
$$E_{wmi} = E_{sni}\cos\alpha_n + 0.72F_r\sin\alpha_n = (-0.129\cos20°) + 0.72\times0.03\sin20° = -0.114$$

公法线的跨齿数 $k = z/9 + 0.5 = 26/9 + 0.5 = 3.389$，取 $k = 3$。公法线公称长度为：

$$W_k = m[2.952\times(k-0.5) + 0.014z] = 2.75\times[2.952\times(3-0.5) + 0.014\times26] = 21.296$$

公法线长度及极限偏差为：$W_k = 21.296^{-0.074}_{-0.114}$

（4）确定齿轮坯精度

齿轮上 $\phi30$ 内孔即是工作安装面，又是制造安装面，因此选取该孔的轴心线作为基准轴线，左、右端面作为基准端面。齿轮坯上各主要表面的精度确定如下：

基准孔：查表7.10，尺寸公差为IT7，选用基孔制，采用包容要求，即 $\phi30$ H7$(^{+0.021}_{0})$ Ⓔ；查表7.11，圆柱度公差取 $0.04(L/b)F_\beta = 0.04\times(90/28)\times0.017 = 0.002$ 或 $0.1F_p = 0.1\times0.038 = 0.0038$ 中的较小值，取 $t = 0.002$；查表7.14，表面粗糙度 Ra 上限值为 $1.25\mu m$。

基准端面：查表7.12，确定左、右端面（基准端面）对 $\phi30$ 内孔轴线（基准轴线）的轴向圆跳动公差 $t = 0.2(D_d/b)F_\beta = 0.2\times(65/28)\times0.017 = 0.008$；查表7.14，表面粗糙度 Ra 上限值为 $2.5\mu m$。

齿顶圆柱面：查表7.10，尺寸公差为IT8，即 $\phi77$ h8$(^{0}_{-0.046})$；查表7.11，圆柱度公差取 $t = 0.002$（选取方法同基准孔）；查表7.12，得齿顶圆对 $\phi30$ 内孔轴线的轴向圆跳动公差 $t = 0.3F_p = 0.3\times0.038 = 0.011$；查表7.14，表面粗糙度 Ra 上限值为 $3.2\mu m$。

轮齿齿面的表面粗糙度：查表7.13，确定齿面的表面粗糙度 Ra 的最大值为 $1.25\mu m$。

上述设计得到的偏差、公差等参数，应填写在齿轮零件图的参数表中或标注在图上，图7.17为设计齿轮的零件图。

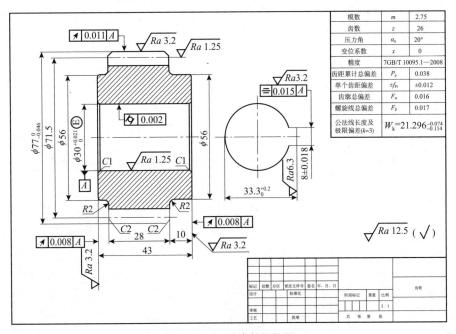

图7.17　设计齿轮结构图

习题七

1. 齿轮传动的使用要求主要包括哪些方面？

2. 齿轮加工误差的主要来源包括哪几个方面？

3. 评定齿轮精度的必检偏差项目有哪些？

4. 为什么要规定齿轮传动的最小侧隙？如何控制齿侧间隙？

5. 如何选择齿轮的精度等级和检验项目？

6. 对齿轮副和箱体安装轴线有哪些偏差项目要求？

7. 齿轮坯精度包括哪些方面？

8. 齿轮坯基准轴线的作用是什么？如何确定齿轮坯的基准轴线？

9. 某减速器中一对直齿圆柱齿轮，模数 $m = 3\text{mm}$，齿形角 $\alpha = 20°$，变位系数 $x = 0$，齿数 $z_1 = 24$、$z_2 = 48$，小齿轮齿宽 $b_1 = 50\text{mm}$，转速 $n_1 = 1450\text{r/min}$，小齿轮的安装内孔直径为 $\phi 35\text{mm}$，两轴承孔的较长跨距 $L = 120\text{mm}$，齿轮为钢制，箱体为铸铁制造，生产类型为小批量生产。试完成该小齿轮的精度设计，并将各精度要求标注在齿轮零件图上。

第8章 互换性技术综合应用

本章以活塞部件为例，从其在机械设备中的功能出发，在对其组成零件的作用及其各零件之间的结合关系进行分析的基础上，完成了其主要零件的精度设计，从而阐明机械零件精度设计的具体过程和方法。

8.1 配合零件尺寸精度设计

图 8.1 所示为小型发动机的活塞部件。发动机工作时，在活塞上部的气缸空间内，燃料燃烧使气体膨胀，推动活塞在气缸内做直线运动，通过曲柄连杆机构使曲柄轴回转输出动力，因此活塞部件是发动机中的重要部件。此部件中的活塞和活塞销等一直在高温下工作，且承受冲击。其发动机的功率为 2kW，曲轴最高转速 3000r/min，生产条件为大批量生产。

在公称尺寸确定之后，首先要对尺寸精度进行设计。尺寸精度设计得是否恰当，将直接影响到产品的性能、质量、互换性及经济性。尺寸精度设计的内容包括选择配合制、公差等级和配合种类三个方面。尺寸精度设计的原则是在满足使用要求的前提下尽可能获得最佳的技术经济效益。

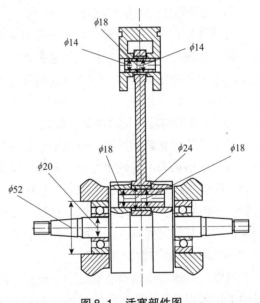

图 8.1 活塞部件图

(1)活塞孔与活塞销轴配合

在机械制造中，从工艺上和宏观经济效益考虑，一般优先选用基孔制，但是从结构上考虑，同一轴与公称尺寸相同的几个孔相配合，并且各自有不同的配合要求时，应考虑采用基轴制配合。根据发动机的工作原理及装配性，活塞销轴与活塞孔之间应采用过渡配合，活塞销轴与连杆铜套孔之间应该采用间隙配合。若采用基孔制配合，活塞销轴需要加工成中间小、两端大的阶梯轴，这样既不利于加工也容易在装配过程中划伤活塞销轴表面，影响装配质量。而采用基轴制配合，则可以将活塞销轴做成光轴，这样选择既有利于加工，降低孔、轴加工的总成本，又能够避免在装配过程中活塞销轴表面被划伤，从而保证配合质量。考虑到发动机转速高，需要活塞销轴与活塞孔定位精确，配合后应具有不大的过盈量，所以活塞孔尺寸基本偏差确定为 M。根据发动机活塞部件的精度要求，结合基轴制优先、常用配合种类，确定活塞孔与活塞销轴的配合为 $\phi 14M7/h6$。

(2)活塞销与连杆小铜套孔配合

由上述分析可知，发动机活塞销轴分别与连杆小铜套孔和活塞孔配合，所以活塞销与连杆小铜套孔应采用基轴制配合。根据发动机的工作原理及装配性，活塞销与连杆小铜套孔为一对滑动轴承摩擦副，应采用间隙配合。考虑到发动机转速高，避免产生过大的冲击振动，配合后应具有较小的间隙量，所以连杆小铜套孔尺寸基本偏差确定为 G。根据发动机活塞部件的精度要求，结合基轴制优先、常用配合种类，确定活塞销与连杆小铜套孔的配合为 $\phi 14G7/h6$。

(3)连杆小铜套与连杆配合

连杆小铜套外圆与连杆配合，考虑制造的工艺性和经济性，连杆小铜套与连杆配合应采用基孔制配合。根据发动机的装配性，连杆小铜套与连杆为固定连接，不允许有相对转动，应采用过盈配合。发动机转速高，会产生一定的冲击振动，同时为了维修拆装方便，配合后应具有中等过盈量，所以连杆小铜套外圆尺寸基本偏差确定为 r。根据发动机活塞部件的精度要求，结合基孔制优先、常用配合种类，确定连杆小铜套与连杆的配合为 $\phi 18H7/r6$。

(4)连杆与连杆大铜套配合

与连杆小铜套和连杆配合类似，考虑制造的工艺性和经济性，连杆大铜套与连杆采用基孔制，且连杆大铜套与连杆采用过盈配合，连杆大铜套尺寸基本偏差确定为 r。根据发动机活塞部件的精度要求，结合基孔制优先、常用配合种类，确定连杆大铜套与连杆的配合为 $\phi 24H6/r5$。

(5)连杆大铜套孔与曲柄销轴配合

与发动机活塞销轴类似，曲柄销轴分别与曲柄孔和连杆大铜套孔配合，因此连杆大铜套孔与曲柄销轴采用基轴制配合。根据发动机的工作原理及装配性，连杆大铜套孔与曲柄销轴之间应采用间隙配合，考虑到发动机转速高，避免产生过大的冲击振动，配合后应具有较小的间隙量，所以连杆大铜套孔尺寸基本偏差确定为 G。根据发动机活塞部件的精度要求，结合基轴制优先、常用配合种类，确定活塞销与连杆大铜套孔的配合为 $\phi 18G6/h5$。

(6)曲柄销轴与曲柄孔配合

与发动机活塞销轴和活塞孔配合类似，曲柄销轴与曲柄孔采用基轴制配合。根据发动机的工作原理及装配性，曲柄销轴与曲柄孔之间应采用过渡配合。考虑到发动机转速高，曲柄销轴与曲柄孔需要精确定位，配合后应具有不大的过盈量，所以曲柄孔尺寸基本偏差确定为 M。根据发动机活塞部件的精度要求，结合基轴制优先、常用配合种类，确定曲柄销轴与曲柄孔的配合为 $\phi 18M6/h5$。

(7)曲柄轴与滚动轴承内圈配合

轴承工作时轴承内圈承受着旋转负载，内圈与曲柄一起转动，经计算分析轴承的负载状态属于轻负载，查表 5.2 确定曲柄轴尺寸公差带为 $\phi 20j6$。

（8）滚动轴承外圈与曲轴箱孔配合

轴承工作时轴承外圈承受着固定负载，外圈相对曲轴箱固定不动，经计算分析轴承的负载状态属于轻负载，查表5.3确定曲轴箱孔尺寸公差带为ϕ52H7。

8.2 典型零件精度设计

8.2.1 连杆精度设计

（1）连杆尺寸精度

根据国家标准GB/T 23340—2018《内燃机 连杆 技术条件》的规定，连杆大头孔直径精度等级应不低于IT6，考虑连杆孔制造的工艺性和经济性，连杆大铜套与连杆大头孔配合应采用基孔制配合，确定连杆大头孔直径尺寸公差带为ϕ24H6。

根据连杆制造的技术要求，连杆小头孔直径精度等级应不低于IT7，连杆小铜套与连杆小头孔配合应采用基孔制配合，确定连杆小头孔直径尺寸公差带为ϕ18H7。

根据连杆制造的技术要求，连杆大小头孔中心距精度等级应不低于IT7，结合中心距尺寸，查表2.2确定公差值为40μm，一般线性尺寸偏差标注采用对称偏差，因此确定连杆大小头孔中心距为（132 ± 0.02）mm。

（2）连杆几何精度

为保证连杆有良好的配合精度、接触精度和运动精度，对连杆孔的圆柱度和连杆大、小头孔轴线的平行度提出要求。根据国家标准GB/T 23340—2018《内燃机 连杆 技术条件》的规定，确定连杆大头孔的圆柱度精度等级为6级，查表3.8确定公差值为4μm。连杆小头孔的圆柱度精度为7级，查表3.8确定公差值为5μm。连杆大、小头孔的平行度精度等级为6级，查表3.9确定公差值为30μm。

（3）连杆表面粗糙度

根据规定，连杆大、小头孔的表面粗糙度值应小于等于0.8μm，因此确定连杆大、小头孔的表面粗糙度参数Ra的上限值为0.8μm，连杆大、小头两端面为非配合表面，表面粗糙度参数Ra的上限值均取3.2μm，其余表面粗糙度参数Ra的上限值取12.5μm。

将上述精度要求标注在连杆的零件图上，如图8.2所示。

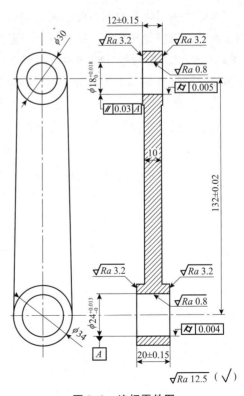

图8.2 连杆零件图

8.2.2　连杆大头铜衬套精度设计

（1）连杆大头铜衬套尺寸精度

根据国家标准 GB/T 23340—2009《内燃机 连杆 技术条件》的规定，连杆衬套外圆尺寸精度等级应不低于 IT7，考虑连杆孔的制造方便，连杆大铜套与连杆大头孔配合应采用基孔制配合，连杆大铜套与连杆采用过盈配合，但连杆大头孔的尺寸精度等级要求不低于IT6，一般轴的精度等级比孔的精度高一级，确定连杆大头铜衬套外圆直径公差带为 φ24r5。

根据规定，连杆衬套内圆尺寸精度等级应不低于 IT6，连杆大铜套内圆与曲柄销轴采用基轴制配合。根据发动机的工作原理及装配性，连杆大铜套与曲柄销轴之间应采用间隙配合。考虑到发动机转速高，避免产生过大的冲击振动，配合后应具有较小的间隙量，所以连杆大头铜衬套孔尺寸基本偏差选用 G。确定连杆大头铜衬套内圆直径公差带为 φ18G6。

（2）连杆大头铜衬套几何精度

为保证连杆大头铜衬套有良好的配合精度和接触精度，对连杆大头铜衬套内外圆的圆柱度和同轴度提出要求。根据规定，确定连杆衬套外圆的圆柱度精度等级为 7 级，查表3.8 确定公差值为 6μm。连杆衬套内圆的圆柱度精度等级为 6 级，查表 3.8 确定公差值为3μm。连杆衬套内、外圆的同轴度精度等级为 8 级，查表 3.10 确定公差值为20μm。

（3）连杆大头铜衬套表面粗糙度

连杆大头铜衬套内圆与曲柄销为间隙配合，外圆与连杆大头孔为过盈配合，因此衬套内、外圆表面需要较高的表面质量。根据规定，连杆衬套外圆的表面粗糙度值应小于等于0.8μm，因此连杆衬套外圆的表面粗糙度参数 Ra 的上限值取 0.8μm；连杆衬套内圆的表面粗糙度值应小于等于 0.4μm，因此确定连杆衬套内圆的表面粗糙度参数 Ra 的上限值取0.4μm，连杆大头铜衬套两端面为非配合表面，表面粗糙度参数 Ra 的上限值均取 1.6μm。

将上述精度要求标注在衬套零件图上，如图8.3所示。

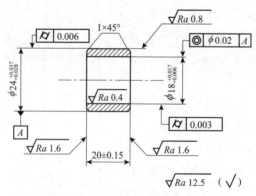

图 8.3　连杆大头铜衬套零件图

习题八

1. 机械零件的精度设计包括哪些内容？

2. 图8.4所示为车床溜板箱手动机构的结构简图。转动手轮3，通过键带动轴4左端的小齿轮转动，轴4在套筒5的孔中转动。该小齿轮带动大齿轮1转动，再通过键带动轴7在两个支承套筒2和6的孔中转动，轴7左端的齿轮随之转动。这齿轮与床身上的齿条（未画出）啮合，使溜板箱沿导轨做纵向移动。各配合面的公称尺寸为：（1）$\phi40\text{mm}$；（2）$\phi28\text{mm}$；（3）$\phi28\text{mm}$；（4）$\phi46\text{mm}$；（5）$\phi32\text{mm}$；（6）$\phi32\text{mm}$；（7）$\phi18\text{mm}$。试选择这些孔、轴配合的基准制、标准公差等级和配合种类。

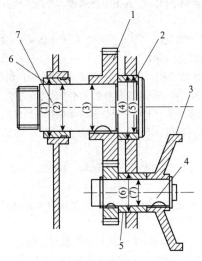

图8.4 车床溜板箱手动机构简图

参 考 文 献

[1]GB/T 1800.1—2020,产品几何技术规范(GPS)线性尺寸公差 ISO 代号体系 第 1 部分:公差、偏差和配合的基础.北京:中国标准出版社,2020.

[2]GB/T 1800.2—2020,产品几何技术规范(GPS)线性尺寸公差 ISO 代号体系 第 2 部分:标准公差带代号和孔、轴的极限偏差表.北京:中国标准出版社,2020.

[3]GB/T 38762.1—2020,产品几何技术规范(GPS)尺寸公差 第 1 部分:线性尺寸.北京:中国标准出版社,2020.

[4]GB/T 38762.2—2020,产品几何技术规范(GPS)尺寸公差 第 2 部分:除线性、角度尺寸外的尺寸.北京:中国标准出版社,2020.

[5]GB/T 1182—2018,产品几何技术规范(GPS)几何公差形状、方向、位置和跳动公差标注.北京:中国标准出版社,2018.

[6]GB/T 16671—2018,产品几何技术规范(GPS)几何公差 最大实体要求(MMR)、最小实体要求(LMR)和可逆要求(RPR).北京:中国标准出版社,2018.

[7]GB/T 1184—1996,形状和位置公差、未注公差值.北京:中国标准出版社,1997.

[8]GB/T 1804—2000,一般公差 未注公差的线性和角度尺寸的公差.北京:中国标准出版社,2000.

[9]GB/T 17851—2010,产品几何技术规范(GPS)几何公差、基准和基准体系.北京:中国标准出版社,2011.

[10]GB/T 3505—2009,产品几何技术规范(GPS) 表面结构 轮廓法 术语、定义及表面结构参数.北京:中国标准出版社,2009.

[11]GB/T 1031—2009,产品几何技术规范(GPS) 表面结构 轮廓法 表面粗糙度参数及其数值.北京:中国标准出版社,2009.

[12]GB/T 131—2006,产品几何技术规范(GPS)技术产品文件中表面结构的表示法.北京:中国标准出版社,2006.

[13]GB/T 307.1—2017,滚动轴承 向心轴承 产品几何技术规范.北京:中国标准出版社,2017.

[14]GB/T 275—2015,滚动轴承 配合.北京:中国标准出版社,2015.

[15]GB/T 1095—2003,平键、键槽的剖面尺寸.北京:中国标准出版社,2003.

[16]GB/T 1095—2003,普通型平键.北京:中国标准出版社,2003.

[17]GB/T 1144—2001,矩形花键尺寸、公差和检验.北京:中国标准出版社,2001.

[18]GB/T 10095.1—2008,圆柱齿轮 精度制 第 1 部分:轮齿同侧齿面偏差的定义和允许值.北京:中国标准出版社,2011.

[19]GB/T 10095.2—2008,圆柱齿轮 精度制 第 2 部分:径向综合偏差与径向跳动的定义和允许值.北京:中国标准出版社,2011.

[20]GB/Z 18620.1—2008,圆柱齿轮 检验实施规范 第 1 部:轮齿同侧齿面的检验.北京:中国标准出版社,2011.

[21]GB/Z 18620.2—2008,圆柱齿轮 检验实施规范 第 2 部:径向综合偏差、径向跳动、齿厚和侧隙的检验.北京:中国标准出版社,2011.

[22]GB/Z 18620.3—2008,圆柱齿轮 检验实施规范 第 3 部分:齿轮坯、轴中心距和轴线平行度的检验.北京:中国标准出版社,2011.

[23]GB/Z 18620.4—2008,圆柱齿轮 检验实施规范 第 4 部分:表面结构和轮齿接触斑点的检验.北京:中国标准出版社,2011.

[24]GB/T 23340—2018,内燃机 连杆 技术条件.北京:中国标准出版社,2018.